我不在黑镜
世界的真实性

［意］法比奥·丘思（Fabio Chiusi）著
何皓婷　雷阳　译

中国科学技术出版社
·北京·

World copyright © 2018 DeA Planeta Libri S.r.l., Novara
Io non sono qui. Visioni e inquietudini da un futuro presente. Black Mirror
Rights arranged through Peony Literary Agency
本书由北京东西时代数字科技有限公司提供中文简体字版授权。
北京市版权局著作权合同登记　图字：01-2022-2171。

图书在版编目（CIP）数据

我不在：黑镜世界的真实性 /（意）法比奥·丘思著；何皓婷，雷阳译 . —北京：中国科学技术出版社，2022.7

ISBN 978-7-5046-9703-5

Ⅰ.①我… Ⅱ.①法… ②何… ③雷… Ⅲ.①科学技术—伦理学—研究 Ⅳ.①B82-057

中国版本图书馆 CIP 数据核字（2022）第 130335 号

策划编辑	申永刚　杨汝娜
特约编辑	刘小乔　赵　乐
责任编辑	庞冰心
版式设计	蚂蚁设计
封面设计	创研设
责任校对	吕传新
责任印制	李晓霖

出　　版	中国科学技术出版社
发　　行	中国科学技术出版社有限公司发行部
地　　址	北京市海淀区中关村南大街 16 号
邮　　编	100081
发行电话	010-62173865
传　　真	010-62173081
网　　址	http://www.cspbooks.com.cn

开　　本	880mm×1230mm　1/32
字　　数	135 千字
印　　张	7.25
版　　次	2022 年 7 月第 1 版
印　　次	2022 年 7 月第 1 次印刷
印　　刷	北京盛通印刷股份有限公司
书　　号	ISBN 978-7-5046-9703-5/B·103
定　　价	69.00 元

（凡购买本社图书，如有缺页、倒页、脱页者，本社发行部负责调换）

目录

引　言　这个世界的故事/ 001

第一章　电脑爱情/ 023

第二章　永　生/ 043

第三章　相信我/ 063

第四章　记住一切/ 083

第五章　欺　骗/ 105

第六章　政府和虚拟形象的斗争/ 127

第七章　无所畏惧/ 147

第八章　联网者和幸存者/ 167

第九章　结束之后，才是开始/ 189

后　记　《黑镜》之前的《黑镜》/ 209

引言
这个世界的故事

我不在
黑镜世界的真实性

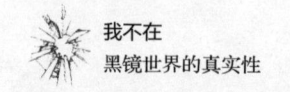

这个早晨一如往常，宾厄姆·马德森（Bingham Madsen）正在房间里睡觉，房间里的屏幕都暗着。大家知道那些屏幕是做什么的，只有在夜晚休息的时刻它们才会变成黑色。它们是宾厄姆生活的全部。它们整天骚扰他，给他发通知，娱乐他，刺激他，操纵他。它们会播放黎明的地平线和公鸡的晨啼，还会播放前夜的真人秀和当下流行的热门节目。它们制造了名人，也让无名之辈身败名裂。

这些屏幕奴役着他的大脑，让他忙个不停，尤其是在他的日常生活中。他的工作和任务就是踩踏板，不停地踩踏板，他每踩一下都会积累一定的点数，然后看着屏幕上的积分不断增长。

积分可以用来买食物，也可以用来给自己的虚拟形象买配饰，让他在众人面前能够更体面，让这个形象能展现其独特之处，有别于他人。积分是对他无用辛劳的奖励：他就是一台人力发电机，为这个制造了他的世界创造能量。也许有一天，积分可以为他换来一次不再踩踏板的机会。

宾厄姆睁开双眼，挥动手臂，赶走那些吵闹的虚拟小鸟，然后他起身下床，花了一些积分购买牙膏，接着又花了一些积分来关掉那些讨厌的泛着红光的电影广告，不这样做的话他就会一直

引言
这个世界的故事

被广告骚扰,因此,这些积分是值得花的。

他穿着和其他人一模一样的工服,跟他们一起挤在电梯里面。他的肤色黝黑黝黑的,身体因为疏于保养而缺乏吸引力,而他的周围也全是难看的人。这里的人都是囚犯,他们被困在灯光和屏幕铸成的牢房中,穿着相同的工服,住着相同的房间。他们每次被唤醒后要做的唯一一件事就是走出牢房,然后走进一间更大的牢房,里面的屏幕也更多。在那里,大家会骑上各自的脚踏车发电机,开始踩踏板,不断地踩踏板。

宾厄姆来到了自己的位置上,前方的屏幕上有一条无尽的乡间小路,等待着他的虚拟形象出发,他不情愿地开始工作。

他仍期待着睡觉之前、屏幕熄灭后的那片刻安宁,因为那是他唯一的宁静、幸福时刻,同时屏幕上的内容也提醒着他,实际上醒着也没那么糟糕:他还有1500万积分!他可以买一张《前程似锦》(*Hot Shot*)的票,这档真人秀给了所有人一次改变命运的机会。如果三位评委都认可他,那他就可以借助这档节目离开这个地方了。宾厄姆甚至都无法想象,有一份工作,有一个更让人满意、更自由的人生会是什么样的。

他旁边的一个胖男人正拼命地踩着踏板,汗水从他肥胖的脸颊和苍白的皮肤流下。他正在看一则短剧,一股强劲的水流正冲刷着三个穿着泳衣的胖子,他们摔倒在地,主持人放肆地嘲笑着

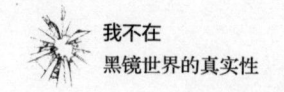

他们。随着踏板速度变快,他的眼睛也死死地盯着屏幕,背上全湿透了。他看上去很快乐。

我抬起头把视线从屏幕上移开,车厢空了。这是一个四月的夜晚,我独自一人坐在回家的火车上。一天漫长的工作结束了,但我却没有从中感到满足。

这是许多夜晚中的一个,和其他夜晚一样。

有段时间,我感到生活一成不变,令人不悦。即使尚不知道要去往何方,还是会被焦虑逼迫着前进,不停地"踩踏板"。就像Glove[1]公司或者Foodora[2]公司的外卖员一样,背上扛着重担,只想赶紧把只给几欧元报酬的外卖送到。然后背上下一个,还有下一个,同时我也明白,晚上闭眼睡觉之前,这些努力不会让我快乐。

"聪明人发明了共享经济,而我们只能被共享经济奴役,其他人也有同样的感受吗?"我这样问自己。不知道其他人的答案是什么。

但我知道,我应该松开衬衫纽扣喘口气,让自己沉浸在一本书里,看看窗外的世界。但是我做不到。也许下一封邮件就会带

---

[1] 意大利公司,主营外卖。——译者注
[2] 意大利公司,主营外卖。——译者注

来好消息,也许下一条推特(Twitter)就会被该看的人读到。我想我们都有这样的错觉,以为我们的职业生涯可以凭借一段文字、一个表情包或者一个帖子腾飞,但它也可能因为这样简单的东西而断送。我们的幸福和未来只能构建在由人类作品和人类思想组成的实时信息流之上,只能构建在令人窒息的存在——网络之上。套用《搏击俱乐部》[①]中的话,我只是在模仿自己不断工作的样子,我忙忙碌碌,想讲些聪明话,和合适的人来往,出现在合适的地方。

它们瞬间描绘出了我的样子,这就是我的个人数据。

又或许并不是所有人都会出现这样的错觉,可能只是我的问题。这时候其他人应该都在吃晚饭,他们可能在家里吃,也可能在餐厅里吃,可能和朋友一起,也可能是一个人,具体形式无关紧要。对于他们而言,生活显然还是有意义的:生活不会每天都是周一的早晨,也没有踩不完的踏板。总之,或许他们对"人生的意义"这个问题有自己的答案,只是我不喜欢。

我也想停下来,想远离网络。但事情没有那么简单,不是因为我对智能手机形成了依赖,而是因为断开与网络的连接需要付出代价,远离网络这件事是我不想也不能给予自己的奢侈品。

---

① 恰克·帕拉尼克所著小说。——编者注

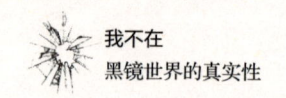

具有讽刺意义的是，虽然这样说着，这个人又工作了一小时，他像一个社交网络上的恶意人士或者喷子。他总是在工作，永远在线，从不离线。这样他就能获得奖励，就能积累更多积分。

车厢空了，明明之前还有人的。我看《1500万里程的价值》[①]看得太专心，没有察觉到车厢已经空了。宾厄姆爱上了阿比，爱上了偶然在牢房里听见的她的声音，爱上了她温柔谦卑的行事风格，爱上了她无辜的眼睛。在《前程似锦》的评委面前，面对他们严厉的指责，宾厄姆试图用他和阿比的故事挽救局面。

一种奇怪的熟悉感抓住了我，即使抬起头他似乎仍在我眼前。接着，我想到了这个空荡荡的车厢，一瞬间我想起了查理·布鲁克[②]（Charlie Brooker）决定略过的部分：那时所有屏幕都熄灭了，最终宾厄姆在入睡之前感到了平静。

有一瞬间，我对现实的感知动摇了。

我在哪里？

我抬起头，看完一集《黑镜》[③]（*Black Mirror*），我也注意到

[①] 《黑镜》第一季的第二集。——编者注
[②] 《黑镜》的编剧和制片人。——译者注
[③] 英国电视4台及美国奈飞（NetFlix）公司出品的迷你电视剧，该剧以多个建构于现代科技背景的独立故事，表达了当代科技对人性的利用、重构与破坏。——译者注

了之前不曾察觉到的东西。在这列火车上停放自行车的区域,有一些座椅,还有一块分散我注意力的屏幕,虽然它没剧集里的那么大,也更安静,但它确实存在,而且还在循环播放愚蠢至极的广告,和那些追着宾厄姆的广告一样,都是愚蠢至极的消遣。除此之外,我面前还有一块电脑屏幕,旁边摆放着另一块智能手机的屏幕,现在已经有三块屏幕在争夺我的注意力了。相比之下,《黑镜》的虚构夸张成分甚至看上去很保守。

我感觉我被困在宾厄姆的房间里:灯光环绕着我,我盲目地踩着踏板、累计积分,又度过了一天。我被困于一种错觉之中,那些金光闪闪的数字美化了我的存在,如果没有了这些数字,人生就只是在不断重复,毫无意义且毫无希望。

周围一个人类都没有。车厢自动门上方屏幕的一则广告中,虚拟形象正笑着,看上去就像那个反乌托邦世界里挤满了的虚拟形象,那个脚踏车反乌托邦的创作者布鲁克也是一个讽刺高手。

在高速行驶的火车上,在一片寂静中,我陷入了恐慌。第一次看完《黑镜》后,我感到了压抑,同时也感到了慰藉。我每次都对自己说,这个电视剧中描绘的世界并非我所处的世界,它只不过是布鲁克对现实不满而创造出的虚构世界。那个世界和我们的世界相似,但不是我们的世界。

我不在黑镜的世界中。

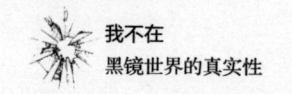

我所在的真实世界里，没有参加竞选的虚拟蓝熊，也不用往脑中植入奇怪的小玩意，那些小玩意可以把眼睛改造成时刻在录像的摄像头，可以把大脑中的记忆变成一块可以随时读取修改的硬盘。

在我所在的现实世界中，我可以选择关掉笔记本电脑、智能手机、平板电脑，可以不回邮件，也可以选择不买那些脸书（Facebook）和亚马逊（Amazon）通过定制算法推荐给我的东西，这些算法已经替人们做了决定，我们不用思考该读什么、该与谁交往、什么能说什么不能说。然而在《黑镜》中，人类甚至已经无法保有自己的自由意志。自由的是科技而不是我们，我们不过是科技的奴隶。当你的大脑、你的思想直接连上网络，如果你想要摆脱网络和奴役你思想的人，唯一的方式就是死亡，不过前提是那时我们还有权选择死亡。想要做到这一点，前提是网络对大脑的入侵还达不到能够以数字形式复制意识的程度。我们也不会像《黑镜》中描绘的那样，以意识数字复制体的形式被困在那些恼人的虚拟世界中，永远无法死去。抑或者，延长寿命的技术还没先进到能够让人永生这一步。

光是这样想想就让我感到焦虑，呼吸开始不畅。

我不在黑镜的世界中。

这一刻我突然回过神来，此刻就像《黑镜》的片头一样，黑

引言
这个世界的故事

色的屏幕碎了,我回到了现实世界。这样的虚构世界太沉重、太压抑了。仿佛之前我一直被困在噩梦中,在梦的高潮部分,我突然惊醒,睁大了眼睛,感到一阵头晕目眩。

《黑镜》虚构出了一些故事,让观众能够与那些被困在虚构噩梦中的陌生人共情,理解他们的处境,同时也感受到他们的绝望。压抑和慰藉在这些虚构故事中合为一体。但同时,出人意料的是,也许是为了给人活下去的希望,故事也强调,那些噩梦和现实世界之间仍有一段距离。让人体会到宾厄姆的痛苦,又能意识到自己并不是他。我们有可能同时感受到压抑和慰藉吗?

是的,有可能。因为我们就像网络一样,集好坏于一身,具有两面性。

坐上火车的那个晚上,我度过了完全不一样的一天。这么多年来,我的手机流量第一次在月底之前用光了,我断网了。我很难向读者描述我现在这种与网络隔绝的感觉。我有邮件要发,有推特要看,信息还没回复,规划的行程还没走完——所有东西都不能用了。我突然有一种被世界遗弃的空虚感,就像布鲁克决定略过的故事里,宾厄姆和他倒霉的同伴们可能有的感受一样。当一天结束,屏幕熄灭,我闭上眼睛进入梦乡,而眼睑下的黑暗却变成了另一种形式的屏幕,这是对我过分依赖外物的审判。

然而到了早上,我意识到了断网带来的麻烦,我还要踏上

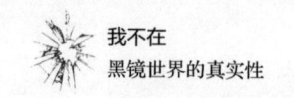

旅途，还有工作要做。"我必须给手机充流量"，我对自己这么说，就像一个戒烟后复吸的人，需要为重蹈恶行找个借口：我不能没有网络。然后我买了流量包，不管要花多少钱。

剧中宾厄姆的生活方式与此相同，就像给手机充值，他踩脚踏车，然后他的积分上涨。不过，积分下降比积分上涨所付出的代价更大。他的时代就像我们的时代一样富足，这样的时代的问题是刺激过量，而不是缺乏刺激。在这样的时代里，积分也能允许你不看一些东西，允许你在没有广告打扰的时候安静享受恋爱这种奢侈品，每次只专注一件事，每次只专心思考一件事。能够静下心来思考一下，即便是想想思考这件事本身也挺好。

当然，思考从未真正联网。所有对反乌托邦的设想都像是一个十分警觉的政府的行为，这样的政府知道为了维护自己的权力，必须制止人类在独处时进行理性思考。人如果独处就会变得危险。他们会意识到自己在社会中的处境，并将自己的处境跟特权者的处境进行比对。他们会发起革命。他们会欣赏艺术，追寻真理、善良和正义。他们开始能够理解自己的情感，能够设身处地为他人着想，然后他们会发现其他人和自己一样，都是人类，脆弱的人类。然而，如果你受到不断变化的信息流干扰，你反而不会同情体谅他人。站在广告位面前，智慧、人性、神性以及观念本身的意义和目标都消失了。不管你在做什么，你都没法不看

引言
这个世界的故事

那个广告。

那个晚上,我在空荡荡的车厢里,像宾厄姆那样小心谨慎地计划该如何使用剩下的积分。他节省地使用自己的积分,为了省下能够让他跳过无聊的广告的积分。我对此事同样谨慎,在结束了一天没有特别收获的工作之后,小心计算需要多少点积分才能让我心安理得地放弃深刻思考。随后这种心安理得又变回了不安。先肯定,又怀疑。

我不在黑镜的世界中吗?

巨幕上接连不断地播放着动画广告,它们色彩艳丽,让人无法忽视。这里是中央火车站还是《黑镜》的剧集?我一边这样问自己,一边走向一辆出租车,广告上那些模特的假笑,和那些虚拟形象傻气的脸上一个又一个像素印出的假笑有什么区别吗?我站在前往中央大厅的大台阶底部,感到不安。在墙壁的顶端和拱顶的顶部,常会出现一个纸质的权力体系,那是另一个充满虚构和法西斯主义的领域——那里正挂着一幅巨型海报。那一瞬间,它让我回忆起了充满爱意的一天,我们伴着海浪声睡去,它就像一剂意识的止痛剂,能帮我们修复一道感情的裂痕,化解一次争吵,并直面个人的失败。这才是我们熟知的,或者说自以为熟知的历史、表现形式和人类习俗。一瞬间,宾厄姆好像又只是科幻剧中的人物而已。但也仅仅只是一瞬间而已,因为我的目光很快

011

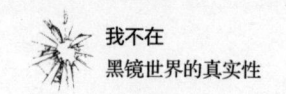

落在了那些巨幅纸质海报宣传的产品上——一个有"三摄"①的手机，搭载了人工智能系统。那张海报宣称，这是"摄影的又一次文艺复兴"。这则广告浓缩了整个时代的市场营销重点：即将来临的世界跟我们熟悉的那个世界完全不同，它会更美好，因为它有人工智能，是个智能世界。所有东西都会搭载人工智能，所有人形躯体里都会有一个数字化的神经系统。

但是，《黑镜》反映的是大众社交网络时代里所有文明共有的现象，从中我们看到了什么？我们从自己身上发现了什么？两者之间的相似之处不止是一节空车厢和一座监牢，这个监牢由各式各样的屏幕构成，屏幕想不断吸引我们的注意力，而我们心甘情愿被困其中。一个对于临时工经济感到不满的乘客，和一个在反乌托邦世界中疯狂踩踏板来制造能量的无名之辈，没人知道这两人之中谁能有一个机会真正地生活一天。除了一幕幕让人担忧的景象，我们还发现自己的愿望很空洞。想要反抗，但又无力反抗。因为我们习惯了的生活是如此方便、舒适，似乎真的别无所求了。

长久以来，意识形态决定了我们欲望的形式，激进派思想强调意识真正的作用在于引导我们的想象，引导我们理解不同符号

---

① 前置单摄像头加后置双摄像头。——编者注

引言
这个世界的故事

的意义,这些符号需要意识的解读才能获得力量。

哲学家弗雷德里克·詹姆逊(Fredric Jameson)和斯拉沃热·齐泽克(Slavoj Žižek)将之概述为一种统治权,他们主张想象世界的终结比想象资本主义的终结要更容易。今天我们能够再加上一个推论:想象这个世界的终结要比想象脸书的终结更容易。世界末日似乎比一个没有社交媒体的世界更美好。社交媒体承担的义务和做出的承诺都很有影响力,以至于不仅能让人无法想象其替代品,甚至让人不想要替代品。我们只有社交媒体这一个选项,但不算太坏,因为我们也只需要社交媒体这一样东西。然而,如果我们的未来和发展不是硅谷预言的那样,那会是怎样?

《黑镜》试图向我们证明,它虚构出的世界其实就是我们的现实,它讲述的就是这个世界的故事。它之所以能够说服我们,是因为它用讽刺夸张的镜头,展现了意识形态的强大,强大到能把我们困在脚踏车上,强迫我们踩踏板,而我们却还期望能再有一次机会站在下一个如同法庭般的舞台上接受审判。矛盾的是,这个舞台本该保护我们,帮助我们逃离屏幕、积分和虚拟形象的谎言,带领我们抵达某个充满真实的彼岸。

宾厄姆再次出现在《前程似锦》的舞台上时,他把玻璃碎片横在自己的脖子上。这个真人秀本该拯救他,但这档节目和这个虚构的世界背叛了他的爱人,他提出了质疑,并用这种方式为他

013

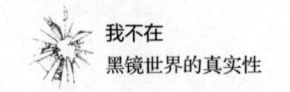

的爱人复仇。他在意识形态的沙漠中祈求真实的东西，在电子游戏的玩家之中寻找他们的人性。而他一放弃，就立刻获得了主持一档电视节目的机会。在节目中，他每周都会把玻璃碎片架在脖子上，疯狂地批判身边的一切事情。

如果未来没有其他选项，即使最激进的斥责也只会沦为作秀。这种作秀在每周五反复上演，一个疯子威胁要自杀，说这个系统崩坏了，说我们有罪。你可以选择一个屏幕观看他的节目，同时踩着踏板，还能赚些积分。这也是你能实现的一种愿望。

反抗也只是一种形式。

"然而，一个所有愿望都能被满足的乌托邦就不能算是乌托邦了。"布鲁克在解释自己构思《黑镜》的想法时这样说。这一幕来自1959年的电视剧《迷离时空》(*Twilight Zone*)中的一集，他承认这部电视剧启发了他。那集讲述了一个有文学梦想的银行职员，因为沉迷于读书，常常在上班时惹恼客户。一天，他由于醉心阅读《大卫·科波菲尔》(*David Copperfield*)，终于激怒了上司。上司发现他在看书后批评了他，然后把书从他手中夺过，一把撕成碎片。但是那个叫亨利·比米斯的职员没有让步。第二天，他还是像往常一样把自己关在银行金库里，一边吃着午饭，一边十分平静地阅读着。当一场爆炸波及金库时，他刚刚扫到报纸标题——"氢弹能毁掉一切"，然后就失去了知觉。等他醒过来，

引言
这个世界的故事

比米斯逐渐发现自己是唯一一个在核爆炸中活下来的人。他因为预感到前路无尽的孤独而感到迷茫又恐惧，于是他决定自杀。就在这时，他的目光突然扫到一家公共图书馆的废墟。比米斯离救赎近在咫尺：他可以在阅读中度过余生，而且再也不会有人打扰他、不让他读书了。然而，当他翻开第一本书，他不小心摔了一跤，摔坏了厚厚的镜片，没有眼镜，他几乎什么都看不见。

2014年，布鲁克在接受第四频道的采访时说："我们需要更多这样的电视作品。"这部剧的主旨就是：那个小玩意本来最终可以拯救你的生活，让你不再无聊，不再受虐待，不会被羞辱，让别人不再异化、孤立你，但如果你完全依赖它，那它反而会成为让你一蹶不振的那件东西。

"如果一种科技能满足你的每一项需求，"布鲁克带着一种残忍的英式微笑说，"那它一定是给你造成了一种自己的需求都被满足了的错觉。"

因为，总有一天操作系统会关闭。这些设备关闭后，不过是一些简单的物件罢了。它们不再是一个个世界，而只是一个关闭了的显示器，只是一堆塑料和金属。"当一个屏幕关闭，"布鲁克说道，"它就变成了一面黑色的镜子，里面的东西冰冷又可怕。"

015

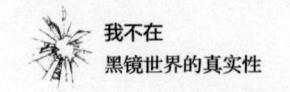

比米斯的不幸发生的半个世纪之后，我们同样通过与他类似的眼镜来观察当下，也由此来审视自己的欲望，当镜片破碎，我们也感受到了和比米斯同样的孤独和被抛弃的感觉。更糟糕的是，现在我们甚至不知道该怎么修复它们。

没有了科技，我们都会变得盲目、孤独又迷茫。

就像比米斯一样，我们并没有过多关注自己的愿望什么时候会实现。最后一集的旁白听上去是在嘲讽旧时代，不过也契合当代的生活："我们也不过是废墟的一部分。"在两极分化严重的社会，人们都在不断挣扎。我们就像废墟里的碎石和瓦砾，都是不完整的。

人们无法理解，为什么当我们戴上眼镜，还是一样盲目、孤独又迷茫。意大利哲学家安伯托·艾柯（Umberto Eco）说得很好，当我们彼此互联互通，我们就融为了一体，这不只是个比喻，而这就是你们手中这本书给出的回答。本书宣称我不在黑镜的世界中，但这只不过是为了发问，与其说这是在否认一种可能存在的未来，倒不如说这是在拒绝现实。这本书将以《黑镜》和当代流行文化的想象为例，展示如今我们和科技的关系之中那些模糊混沌的问题。

科技已经被神化，它既是我们内心的恐惧，亦是我们能够实现的梦想。在责任、意志力、共情和美有关的主题中，科技已经逐渐取代了人类。有了科技这层镜片,我们是会更加盲目、孤独、迷茫,还是说实际情况正好相反?能够永远得到满足的承诺和无法弥补的遗憾造成的威胁,哪个更可怕?为什么大家更关注人工智能的智能之处,而不怎么关心人类自身的愚蠢?当我们想要某种未来的时候,我们实质上想要的是什么?而我们想象中,甚至渴望得到的未来,有没有可能完全未知,甚至和现在完全背道而驰?这些就是《黑镜》揭露的问题,不是科技的问题,而是人类的问题。

因此,尼古拉·别尔嘉耶夫[①]（Nicolai Berdjaev）在20世纪初曾写道:"我们正在进入一个陌生的、无法预见的国度,我们正在将这个世界变得毫无乐趣,也毫无希望。"不,这是可以避免的。

但是,科技有什么可怕之处?这只是一个单纯的数量问题吗?我们每天通过各种方式接触网络,难道科技的可怕之处只是这些连接的方式太多而已吗?还是人和人之间的连接太过错综复杂,但真正深层次的关系却不多,而是存在着太多不是朋友的"朋友",太多弱连接,太多不牢固的连接。

我们包装自己也包装得太过火。我们用滤镜美化自己,挥动数字技术的魔杖消除脸上疲惫和苍老的痕迹,让自己变得更好

---

① 20世纪俄罗斯哲学家。——译者注

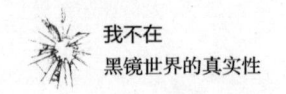

看，给自己加上本来没有的眼镜、耳环和兔鼻子，戴上花环或者王冠，打造自己的品牌。我们过分炫耀自己生活的幸福，我们许愿想要的东西太多，咒骂太多，包装过度。或者说直白点，我们就是想要在社交媒体的舞台上不断地表现自己。日常生活就如同欧文·戈夫曼[①]（Erving Goffmann）的理论所说，拥有强大的力量。我们通过一个又一个帖子，一个又一个故事，一个又一个赞，时时刻刻重新定义我们的日常生活。

没错，我们每分钟在聊天软件WhatsApp上发送3800万条信息，在油管网（YouTube）上看430万个视频，登录97.3万次脸书，在网上花掉86.2万美元，在交友软件Tinder上划掉110万个人。

但其实科技造成的道德恐慌早在互联网诞生之前就存在。问题真的是因为我们需要处理的信息太多了吗？如果是这样，这种恐慌至少从16世纪起就出现了，沃恩·贝尔[②]（Vaughan Bell）在*Slate*[③]杂志上写道。他引用了瑞士科学家康拉德·格斯纳（Conrad Gesner）的观点，康拉德害怕现代世界存在太多会扰乱和影响我们思考的数据，从而吞没人类，而现在这已然发生。

[①] 加拿大社会学家和作家，代表作《日常生活中的自我呈现》（*The Presentation of Self in Everyday Life*）。——译者注
[②] 英国心理学家。——译者注
[③] 一种在线杂志，主题包含美国时事、政治和文化。——译者注

引言
这个世界的故事

苏格拉底也警告过我们，用笔头记录会损伤记忆力。当我们跟尼古拉斯·卡尔[①]（Nicholas G. Carr）一样自问，如果我们有一个像谷歌那样无所不知的搜索引擎，而且还随手可得可用，"它会让我们变蠢吗"，如今这情况正如苏格拉底所说。

在很多发明刚出现的时候，人们也会怀疑，电话会不会让我们淹没在八卦和浪费时间的闲聊之中。广播又会不会让学生无法专心读书。磁带的出现粉碎了留声机的市场，电视录像带则冲击了电影市场，这就很像这些年出现的网络盗版，甚至是在线视频网站的情况。时间更近的例子还有诸如短信毁掉了书面语的权威性。

只要人们不断凭空捏造出用途不明的词汇，这样的例子是举不完的，比如用"假新闻"，而不用"误传"；用"后真相政治"，而不用"极权主义"。在人类与科技不断互动的过程中，在这种爱恨交杂的关系之中，很少真的能产生新生事物。

如果每项技术都有多种用途，这些用途会导致多种多样的后果，在历史中反复出现的同一种现象比这些技术之间的差异要更为重要，那个现象是：人类学习如何征服技术，而非被技术征服。而且，如果一个人无法学会如何征服技术，甚至被技术征服，通常

[①] 美国作家，专注于科技、经济和文化的交叉领域。——译者注

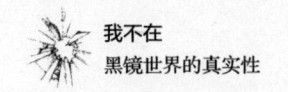

是因为在使用这项技术之前，这个人的内心就已经失衡了。这一点是《黑镜》的核心观点，也在剧集中不断体现出来。

总而言之，布鲁克的所有观点都是为了提出了一个问题：为什么在剧中描绘的愤世嫉俗，人们集体做出的裁决，和披着高科技外衣的高明推销员所说的谎言，是如此合乎逻辑又真实？技术的罪过在于它就像一个恶魔，利用各种欺瞒的手段，引诱我们走上最省力的道路吗？

不，布鲁克的回答是：罪过在我们。我们错在不负责任，向塞壬[①]的歌声屈服了，向我们更原始的本能屈服了。我们错在假设现代生活随处可见的舒适是一种人权，而那些真正的人权则在我们试图实现这个假设时被扼杀，然而，人们总是像听从一种思想准则一样相信着这个假设。

你可以尝试去模仿一个"吉卜赛风格"的莫尼切利[②]式喜剧人物的品质，不要机械地听从谷歌地图路线给出的导航指令。在用Shazam[③]搜索音乐和油管网将海量歌曲视频推送给你之前，跟着刚在广播里放过的一小段曲子哼唱，体会这种发掘新歌的方式本身

---

① 古希腊神话中人首鸟身的怪物。神话中，塞壬常用歌声诱惑过路的航海者，使船触礁沉没。——编者注
② 马里奥·莫尼切利，意大利导演和编剧，喜剧大师。——译者注
③ 音乐软件。——译者注

的意义。即使以后拿起吉他，弹不好这首曲子也没有关系。

这就是我们制作《黑镜》的原因——去讨论困难、低效和不切实际的美好之处。或者说我们要讨论的是，要想察觉到硅谷和统治者们对这个世界许下了多少空头承诺有多难，他们想让我们相信，这个世界是向着我们的，专门为了我们而存在，是为每一个人量身打造的，让我们相信这个世界可以拯救我们，让我们得到救赎。

本书试图深入探索这些许诺塑造的虚构世界，同时浅谈这些许诺对人类致命的吸引力。

我们从它最深刻也最崇高的情境开始：爱情。

第一章
电脑爱情

我不在
黑镜世界的真实性

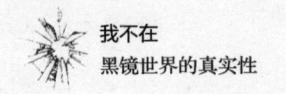

弗兰克紧张得局促不安。餐厅内柔和的灯光也不足以让他安心：这是他的第一次约会，女方还没有到。或者说，至少他觉得她还没到。弗兰克甚至连这个"她"是谁都不知道。这个人不是他选择的，不是他联络的，也不是他想要去追求的。她是由一个算法，一个"系统"分配给他的。

他等待得有些不耐烦。她是金发还是黑发？喜欢喝啤酒还是葡萄酒？喜欢听摇滚还是铁克诺音乐[①]？晚上放松的时候，是喜欢看书还是看电视剧？

而她，艾米，在此前也对她的约会对象一无所知。当她走进餐厅大门时，她决定向"导师"打听这个人。"导师"是一台设备，是它根据算法安排了这两位陌生人见面。人们向来自"导师"的冷漠的声音所寻求的，与其说是帮助，不如说是指示。

"来了，就是他。"那个声音对她说。

他们在桌边坐下，两个人都感觉很尴尬。这也是艾米的第一次约会，但好在这次速配似乎并没有很不愉快。菜品被自动端了上来，这是系统根据两人喜好的口味点的。他们要一起度

[①] 一种电子音乐。——编者注

过12小时，而他们相处的时间长短依旧是根据难以捉摸的算法计算出来的。

他们吃着，喝着，谈笑着。接着，一辆自动驾驶的汽车载着他们去了他们的定制爱巢。在那儿，他们可以做他们想做的事，亲热或聊天，就此坠入爱河或是成为互相看不惯的仇人。然而一切都不会改变：随着时间的流逝，当沙漏中最后一粒沙子落下时，他们就必须要告别，这一别或许就再也不会相见了。

到了晚上，他们躺在床上。艾米大声地说："在这个系统出现之前，谈恋爱肯定是一件很荒唐的事，每个人都要自己去处理一段恋情中的方方面面，还要自己想清楚究竟想跟谁在一起。""要考虑的太多了。"弗兰克表示同意，"最后你都不知道要选哪个。""没错，如果谈得不好，还得想要不要分手。""还要考虑怎么分。""简直是一场噩梦。"现在，两人就"一切都事先安排好"达成了一致，"这样更简单。"

他们笑着，并亲密地牵起了彼此的手。

2014年，约会网站OkCupid的创始人克里斯·鲁德尔透露，OkCupid网站曾欺骗了一些用户。就像《黑镜》中弗兰克和艾米使用的那个系统一样，在OkCupid网站的系统里，一段关系也主要靠算法推动。这个算法会学着去了解你，并把那些它获取到的信息

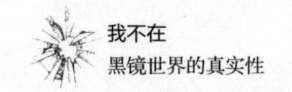

转换成与潜在伴侣的匹配度。鲁德尔曾经在一个帖子里承认,他们曾故意向一些在寻找灵魂伴侣的用户提供了与算法结果不相符的匹配度(这个算法就是OkCupid网站中的丘比特),那些本来只有30%可能性会喜欢彼此的人却被告知有90%的匹配度,而那些本来匹配度很高的人却被标记了很低的匹配度。

鲁德尔想通过这个实验了解,仅凭网页资料中提供的一个数字能不能改变一对潜在伴侣的行为。他得到的答案是:看到匹配率高的人,人们也会表现得真的跟对方非常匹配一样。他写道:"仅仅是建议他们相互喜欢,就能让他们喜欢上彼此。当我们对两个人说'你们非常般配',他们就会表现得像是真的很般配一样,虽然根据算法的结果来看,他们对于彼此而言可能都不是对的那个人。"

而这一发现最直观的证据就是在私聊中,双方互相发送至少4条消息的概率提升了一倍,而4条消息是网站定义"有意义的互动"的最低门槛。

OkCupid网站的实验引起了人们的热议。还有一个例子,脸书曾有意操控成千上万用户首页帖子的倾向,故意让一些人看到更加积极的内容,而让另一些人看到更加消极的内容。事实似乎是这样的:所有网站每分每秒都在进行上百种不同的实验,只要你使用互联网,你就会成为他们的一个测试对象。在鲁德尔眼里,

第一章
电脑爱情

这并非系统的缺陷,而是系统的特点。

诚然,一家全球广受欢迎的社交网站企图在其用户不知情的情况下影响他们的情绪,这件事不一定会引起用户的不安。因为这类实验大多对人无害,它们更多用于优化网站性能,而非试探或操控用户的思想。

然而,我所关注的是这个世界上所有的弗兰克和艾米,我关注他们的尴尬,关注他们根据分数来安排的约会,可他们又是否知道这个分数是网站或约会应用程序(APP)以什么标准算出来的?还有根据他们在个人资料中填写的一行行回答来安排的菜品,"我喜欢喝奶昔,我超爱吃比萨",于是,为了从一开始就不犯错,奶昔和比萨就都被点上了。

我关注那些被OkCupid网站的实验欺骗的用户,以及他们读了邮件并得知自己是线上恋爱实验室的小白鼠之后的感受。他们的感受或许就跟在《吊死那个DJ》[①]中,"导师"告诉弗兰克和艾米,他们最多只能共度12小时那一刻的感受一样,他们感到空虚,甚至觉得自身的情感都被剥夺了。他们将自己拥有的最私密的东西、爱情、情欲以及迷人而复杂的感受,全权交给了毫无原则的愚蠢人造机器。

---

① 《黑镜》第四季第四集,即本章开头的故事。——译者注

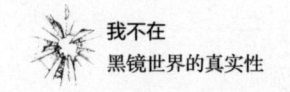

两人约会的结果，要么是开始一段幸福又稳定的恋情，要么是仅止于一顿尴尬得想让人逃离的晚餐，但无论如何，至少那些刻意利用错误数字而安排的约会，都描绘出了我们这个时代的风貌。我们相信这些数字，就像相信护身符一样，即便我们从来没有见识过魔法的力量。我们希望事情变得很简单，在爱情中也一样。像弗兰克和艾米一样，我们也想要牵起恋人的手，并且能提前知晓这两个人的手应该紧紧相握。

"所有使用这个应用程序的人都说他们讨厌它，"诗人达内兹·史密斯（Danez Smith）在《不要说我们已然死亡》中写道，"但没有人能够停止使用它"。

即使我们怀疑服从一点用都没有的时候，我们依然很难不服从于算法。就像《黑镜》里一样，世界上根本不存在一种人工智能能通过一系列的伴侣测试，引导我们找到最适合自己的一个人，即那个在任何情况下都十分理想的伴侣。

作为人类，我们怀疑，或者说忍不住要怀疑，这样的人工智能不可能存在。所以，我们深陷道德困境，进退两难，而《吊死那个DJ》则揭露了故事的真相：我们在这一集中认识了弗兰克和艾米，我们为他们的爱情喝彩，而他们其实只是真实的弗兰克和艾米的虚拟复制体。那个世界多么奇怪啊！在那里，事情的发展只会被爱情算法推动，否则就陷入停滞，然而这只不过是针对他

第一章
电脑爱情

们两个人的故事模拟出的上千种后续发展的其中一种。

我们非常希望那个想要分开这对恋人的算法会出错，然而在现实中，我们却期望着那个算法是合理的。就像这集结尾昭示的那样，如果在1000次模拟中的998次里，虚拟的弗兰克和艾米都一起成功地摆脱了"导师"的控制，观众在叙事过程中逐渐跟剧中角色感同身受，因此也会为他们之后真正的爱情欢呼，也为现实中弗兰克和艾米的爱情欢呼。但我们所做的不正是在为一场摆脱了算法机械推演的爱情喝彩吗？我们不正是在咒骂任何一切阻碍他们感情的东西吗？始作俑者不正是那个以"导师"为工具，僵硬又极权的恋爱系统吗？

而我们又为什么希望弗兰克和艾米相爱呢？他们爱情的本质，难道不就是要完全背离，或者说要反抗那个想要拆散他们的算法吗？现在我们为什么又会想要服从另一个想安排他们在一起的"系统"呢？

这是一个深刻的矛盾，远远超出了真爱和虚拟爱情这样简单的范畴，也远超人类意愿和算法命令的范畴。而且它让人感觉是以另一种方式重复了OkCupid网站的实验。当我们得知他们的算法规则没有任何价值时，当我们醒悟过来，发现弗兰克和艾米跟被鲁德欺骗、被算法误导的那些情侣一样时，我们为什么会深感这是不对的呢？

029

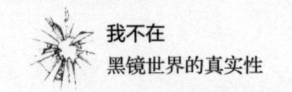

更重要的是，比起算法，为什么被鲁德这样逆算法而行的人背叛会让我们感觉伤得更深呢？因为就我们所知，那些配对算法在现实生活中并不管用。然而半个多世纪以来，我们却一直在自欺欺人，或者说正相反，我们在假装被欺骗。

1959年的秋天，杰克·哈里奥特教授的数学139课程是最受斯坦福大学数学和电子工程专业学生欢迎的课程之一。这门课程的名称是"计算机的理论和操作"，也就是教授如何使用计算机来完成大量数据的自动化分析。课堂上人头攒动，他们都非常想试一试新的编程高级语言FORTRAN，这种编程语言是该专业两年前才开始使用的。学生们都想亲手操作IBM650，这是一台早期计算机，也是第一台商用计算机。这台计算机是个庞然巨物，质量达1.3吨，即使在那个年代它每个月的租金都高达3200美元。

课程快要结束时，学年末的派对也近在眼前，另外学生还有结课项目需要提交的数据。有两个学生，菲利普·菲亚勒和詹姆斯·哈维，他们将实用性和趣味性结合了起来。他们要组织一场聚会，同时还要提交结课项目。于是他们在想，结课项目能不能用于更有效地组织聚会呢？

两人很清楚要怎么办聚会才能吸引斯坦福大学住宿生和住在附近的学生。在那个时候，校园还不够大，容纳不了所有学生，

第一章
电脑爱情

斯图尔特·吉尔摩在2007年刊登的一篇学术文章中回忆，那时一些学生不得不租房住在学校后面的小山上。那是一个名叫罗斯特兰科斯伍兹的地方，修建于20世纪20年代，原本是给那些想要逃离城市喧嚣的洛杉矶居民提供的一个夏日避暑之地。学校的广播电台KZSU[①]时不时地会在那儿的房子里举办聚会。午夜时分，那里的路上时常会飘来由75人组成的管乐打击乐团进行演奏的声音。

更重要的是，那些聚会常常会邀请附近一家退伍兵精神医院的女护士学生参加，那家医院就在门洛公园，而那个公园现在已经是脸书的总部了。

斯坦福大学的工程师和数学家们自然想要追那些护士女学生，可他们还有结课项目要交。菲亚勒和哈维有了一个主意：我们能不能写一个程序，把它放在IBM650上运行，让程序把合适的女学生匹配给合适的男学生呢？

他们俩提出了一个假设，只需要邀请50名男学生和50名女学生给他们做一份问卷，根据他们给出的回答，给每一对男女学生计算出一个"差异分数"，然后将差异分数值最小的两人安排到一起。

[①] 斯坦福大学的学生运营的校园广播。——译者注

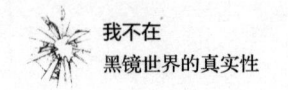

针对年龄主要在18岁到22岁的男生和女生，菲亚勒和哈维一共提出了30个问题，涵盖了许多领域，包括年龄、身高、体重、宗教信仰、爱好、性格特点、习惯，甚至未来想要几个小孩。他们还会被问到是否喝酒，是否抽烟，以及是否能接受伴侣喝酒抽烟。结果，他们基本所有人都喝酒，一半人抽烟。

这就是第一个约会算法的诞生过程。一同出现的，还有一个概念——匹配度，也就是对方可能成为合适伴侣的概率，这个概率与双方的相似之处成正比，也就是说，一个人与另一个人越相似，他们的匹配度就越高。

现在的软件依然建立在这个逻辑上，按照这样的逻辑，我们在Tinder上左滑右滑，或者在eHarmony[①]上不断点击就能找到白马王子，然而这个逻辑并没有任何科学依据。

吉尔摩写道："委婉地说，学生们筹备出的社会心理学档案，在社会科学领域的工具里，实在不能算是严谨的。"还有更严厉的评价："他们没有引用任何科学结论，他们两人仅仅是根据回答的相似度计算出配对度，人们通常认为不同的人会相互吸引，而他们的逻辑完全背道而驰。"

尽管了解到这个项目的局限性，菲亚勒和哈维依然给它取名

---

① 一个约会应用程序。——译者注

第一章
电脑爱情

为"Happy Families Planning Service",即幸福家庭规划服务。他们将它打在穿孔卡片[①]上,交给哈里奥特教授。然而当教授把卡片插进电脑,程序运转,却没有产生任何结果。

就这样,这个项目失败了。然而,这两个学生依然没有放弃。当天晚上,在罗斯特兰科斯伍兹,他们继续研究需要多久才能使这个程序算出结果,结论是需要5~6小时的计算,而不是他们之前认为的10分钟。他们需要冒点风险了。他们用了KZSU电台工作人员配备的、专门用于紧急情况的撬门工具,在晚上溜入了学院机房,打开了电源和空调。他们还吃上了自动贩卖机里吐出来的零食,有时候按一下按钮,自动贩卖机可能会在没有投币的情况下吐出一些吃的。

在几次无果的尝试后,两人终于发现了程序中的错误,在修正错误之后,他们耐心地等待着结果。最终,他们花了9小时才拿到了结果,远超预计时间,但他们最终还是把5组配对算法计算出的分值交给了哈里奥特教授,他们这门课也得到了A。他们还保留了剩下的45个相关数据,打算在秋季学期的期末聚会上用。

并不是所有人都会参加这个聚会,一个女孩在不久前刚订了婚,一个男孩更想去滑雪。但对于其他人来说,聚会上有学生自

[①] 一种编码和输入方式。——编者注

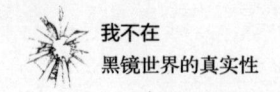

己酿的啤酒，有KZSU电台乐队，可以听到班卓琴[①]、长号、吉他和单簧管的乐队演奏。算法配对出的男男女女也会来，其中有几对差异值非常小，谁知道他们之间会擦出怎样的火花呢？然而对于其他那些差异值比较大的组合，他们那天晚上似乎不是很愉快。

以上是吉尔摩所讲的故事，他重现了这些活动，并写进了自传里。这位讲故事的人自己也参加了这场实验，而且算法十分眷顾他，至少在理论上是这样的。根据计算，他的约会对象是所有人里第四合适的，这个女孩18岁，苏格兰人，就像他一样，有一头红发，脸上有雀斑。

他们两人都喜欢阅读、听音乐会和露营，都讨厌正式的晚餐。这个女生认为自己长相一般，既不热情也不冷淡。男生很自信，他认为自己非常热情。那个算法认为他们是很般配的一对。

然而，聚会当晚，问题很快就出现了。吉尔摩开了辆跑车出现在配对对象的家门口，但是她并不喜欢这样。据他回忆，这位麦克唐小姐一上车就抱怨他开车超速。在之后的聚会上，她又抱怨乐队的声音太吵了，树林之间的房子太奇怪了，来聚会的人她也没几个认识的。除此之外，就连聚会上的啤酒也不对她

[①] 班卓琴上部的形状像吉他，下部的形状像铃鼓，有4根弦或5根弦，用手指或拨子弹奏。——编者注

的口味。当晚10点,吉尔摩答应送她回宿舍,那时他已经失去了信心。

"那天晚上我没有再回派对,"吉尔摩坦诚地说,"所以我说不清电脑计算的约会实验算不算成功了。"据他所知,那晚凑出的30对,有一对结婚了,其他的组合应该都只持续了很短的时间,而有一些则完全没有后续发展。

但哈维决定继续探索下去,他报了另一门关于婚姻和家庭的课程。这门课的老师认为,他的实验具有革命性的创新意义,他想知道这项实验是否还能优化。

吉尔摩也再次参与了后续实验。这回,算法就没那么大度了,吉尔摩只排在了最优配对排名中的第六位。他的配对对象是斯坦福大学手枪俱乐部的一名职员。然而当晚他们就闹掰了。

是吉尔摩不太走运,还是他的经历恰恰是那些通过算法寻找伴侣的人中最普遍的情况?难道真的就像《吊死那个DJ》的主人公们那样,每次他们重复这个实验,结局都戛然而止,难道所有事情发不发生都只是概率问题吗?一对恋人分手,爱情之花无法绽放,无法吸引彼此,这背后总是有原因的吗?难道总会有一个算法能够对这样的事情做出解释吗?

斯坦福大学的数学家们不太走运,半个世纪过去了,答案似乎依旧是那样:通过算法得出的分值不足以成就一对长久的伴

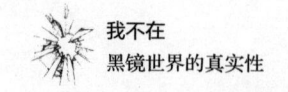

侣。"爱情需要神秘和夜晚的滋润才能生长。"乌戈·法索罗写道。没有任何代码可以机械化地制造一份爱情,爱情一旦消失,就像诗人米洛·德·安格利斯在有关宿命的《永别之题》中所写的:"所有死亡,所有碎裂的玻璃、干燥的纸张,和纷乱的思绪都汇集在你身上。"

然而算法的承诺很诱人,极其诱人。承诺让人们可以自欺欺人,至少在某些特定的情况下可以自欺欺人。这份承诺让我们感觉自己不会失去任何东西,特别是在我们感到无路可走和孤独的时刻,所以那些约会网站肯定不会消失。

线上约会的市场目前已达到了13.83亿美元,2022年,全世界将会有近4亿用户。虽然目前这个数量很庞大,但如果考虑到脸书已在2018年5月宣布进军这个领域,并向超过20亿社交网络用户群体提供该项服务,那么这个数量也就不足为奇了。

很快,这个数字还会继续增长。就像马克·扎克伯格2018年在F8大会[①]上所说的,当今这个时代有三分之一的婚姻都是从网络开始的。

尽管如此,我们也很难说这是算法的功劳。即使社交网络为人们提供了无数种相识相爱的新方法和新工具,并大幅提高了认

---

① 脸书举办的F8开发者大会。——译者注

第一章
电脑爱情

识一个潜在伴侣的可能性,但大部分成功的感情都要归功于人类的情感,而不是一台机器的建议或者算法算出的分数。硅谷时下流行的一个叫法叫作"有意义的恋情",有意义的恋情本身依然是个谜,它所产生的吸引力仍旧是人们无法解释的"炼金术",而爱情依然跟过去几千年一样,是诗歌和神话赞颂的对象。

然而,这种黑镜式自动配对的内容并不完全是虚构的,这需要我们严肃看待,尤其是它想向我们传达的内在逻辑和观点:人们必须相似才会相互喜欢,而且越相似越会相互喜欢。

从斯坦福大学的实验到现在,这个逻辑成为线上约会的"金科玉律",然而这个逻辑却从来没有经过严肃地讨论。确切地说,这个逻辑的改进仅局限于计算相似度的模型范围内,模型分析了更多数据,包括一些难以计数的数据,然后据此提供更准、更精确的建议,来满足与我们现状和意愿相称的需求。Match、eHarmony、OkCupid、Tinder等网站的创始人并不接受诗人埃乌杰尼奥·蒙塔莱(Eugenio Montale)的消极看法,所谓算法配对的神力也是实实在在的东西,没有什么玄秘之处。根据档案上显示出来的相关度、数据、个人喜好,以及长长的聊天内容,网站可以对人工智能不断进行细节调整,这样能让算法为我们找到更好的配对。

正是为了让人们不再需要听天由命,这些平台才得以存在,

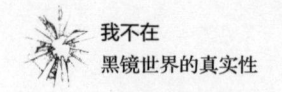

它们减少了爱情当中的未知数，提高了爱情的效率，也由此减少了爱情会带来的痛苦，最大化地优化我们的人际交往体验。如果必须要熬过一个漫漫长夜，那不如在梦里度过，如果要度过一生，那就选择轻松地过一生。现在只需要知道这几点就够了，没有什么风险。

所有事情发不发生都只是概率问题。

也许真是这样，谁知道呢！即使是这样，我们也绝不能说所有事情发生与否的概率就是一个算法能决定的。

当前科技发展水平无法证实这一点。在美国奈飞公司（Netflix）的一档节目中介绍《吊死那个DJ》的时候，布鲁克说他曾想象过这样一个世界，在那个世界中流行一种能够自动生成"恋情播放列表"的"约会播放器"，可以由一个算法来解决所有恋爱的麻烦。然而那样的世界是不存在的，那只是他脑海中的虚构产物。因为他想做的是把吸引力和恋爱转变成一个数学公式。这个东西不仅在技术层面上无法实现，甚至从本质上来说就很不可思议。没了神秘感的爱情还能叫爱情吗？在这样的爱情里，每一步都可以预测，就像在计算机二进制字母表里书写着0和1的决策树一样。

当"爱情"可以量化的时候，似乎就失去了它本来的意义。如果一对情侣遵循两个人在生物学和命运中的某种规律或动态去相爱，那么爱情就变成了另一个东西，它与这个词语的字面意义

第一章
电脑爱情

南辕北辙。我们不应该以这种方式爱上某个叫劳拉或贝特丽丝的伴侣。

OkCupid网站的创始人鲁德，在《数据浩劫》(*Dataclysm*)一书中写道："多亏了OkCupid，今夜有大约30000对男女会进行他们的第一次约会。大约有3000对将会谈起长期稳定的恋爱。他们中有200对会结婚，而结了婚的大多数都会要小孩。"他总结道，如果人们没有"在我们网页代码中的邂逅"，这样的生活永远都不会出现。

鲁德的理论基于该平台所有用户，强调的是用户行为的总体相关性，但是如果仔细思考相关性和具体原因之间的区别，他的统计数据就失去了意义。也就是说，那些情侣决定继续交往下去或是分开的理由都跟OkCupid网站没有任何关系，跟它的配对算法也没什么关系。

换句话说，网站给出的高匹配度根本无法保证烛光晚餐或是床笫之间的美好和成功，更别说相守一生了。根据加利福尼亚大学的社会学家戴维·路易斯的观点，OkCupid网站声称根据两个潜在伴侣在问卷中表达出的兴趣爱好，计算出了95%的匹配率，但没有证据能证明这样的高匹配度能被视作一段成功关系的保证。

"OkCupid网站夸大了他们的算法。"路易斯说，他在期刊网站Jstor Daily上阐述了他的研究发现，"然而他们的算法根本没有相

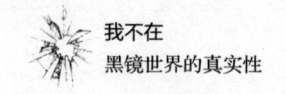

关理论支撑。这类网站没有任何一个清楚他们自己在做什么。或者说得更直白一点,他们最清楚的是怎么赚钱。"

然而也正是因为如此,这些网站的宣传看上去永远跟想赚钱不沾边,即便他们的本意就是想赚钱。"让开!信仰!"约会网站eHarmony在伦敦地铁墙上刊登了这样一则广告,"是时候用科学来检验我们的爱情了。"随后英国广告标准管理局2018年1月禁止了这种广告,并将其撤下。

"为什么要把你人生中最重要的选择交给命运呢?"广告图片上的文字这样说道,当"我们研发的配对系统已经经过科学检验,它解开了匹配度和伴侣之间化学反应的秘密,因此你不需要自己费力去寻找伴侣"。

然而这个配对系统的效果完全没有经过科学检验,英国有关部门已经明智地撤掉了这种明显的虚假广告,这就是最好的证明。eHarmony网站的观点并没有经过科学检验,它就跟其他线上约会网站一样,它只提高了网站用户找到爱情的可能性,而且只是相比那些不使用网站的人群。

那么,它们又是如何帮助用户提高找到爱情的可能性呢?目前任何关于爱情的算法的理论基础都是潜在伴侣双方所表现出来的偏好是否协调,包括对调查问卷的回答,是否给别人的个人资料点赞或是赞同其他人的观点等数据。这个理论的前提是,我们

第一章
电脑爱情

每个人都非常清楚自己在爱情中到底想要什么，或是从爱情中想获得什么。然而正是坠入爱河所带来的惊喜才能让爱情变得美妙而独一无二。突然对自己已经认识多年却没有半点兴趣的男人或女人心动，被一种自己原本不认可的美丽打动，身处一段看似幸福的关系中却选择了背叛，又有谁知道这些事情背后的原因呢？

总之，爱情的化学反应造就了爱情的美好，正是因为这个化学反应不完整、不可知，才显得弥足珍贵。事实上，我们并不像了解化学反应那样了解爱情。

美国西北大学2012年的一个研究整理了有关该主题的学术论文的结论，答案是配对算法与真爱之间没有任何关系，这也在意料之中。尽管那些算法看似很有道理，可它们就是不管用。

拥有相似的价值观或者性偏好就被认为"般配"，但这样的"般配"就是理想伴侣的标志吗？论文作者写道，"这些网站无法预测一对伴侣在一段时间后会如何发展和成长，也无从知晓他们以后将面临什么样的生活环境，也不知道他们会采取什么样的策略来应对，更无法预知他们之间的互动最终会如何加强或弱化他们之间的浪漫吸引力，更不用说预测他们长期关系的好与坏了。"

或许把未来的意外事件写进网上的个人资料能增加匹配准确率，但未来是无法预测的，这又要怎么去写呢？

第二章
永 生

我不在
黑镜世界的真实性

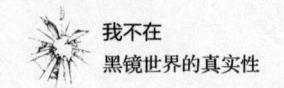

在洛杉矶一个美国家庭的别墅空地上,母亲丽萨怀中抱着小女儿,朝着摄像机露出了微笑,让镜头拍下这个历史性的时刻。另一个年纪稍大的女儿伊娃,手中拿着一把刷子,正在给一辆停在树荫小道上的房车刷漆。她的父亲佐尔坦·伊斯特万(Zoltan Istvan)正比画着手臂,示范正确动作,教她怎么才能又快又好地给这辆车刷漆。

今天是9月5日,阳光明媚的一天,但是佐尔坦已经筋疲力尽。他花了好几天改造这辆车。为了买下它,他在网上募集了2500美元。他逛遍了Craiglist网站①,决定买下一辆蓝鸟公司1978年产的"漫游小屋"房车。这辆车的车况很差,不仅漏油,点不点得着火也要靠运气。他对热得直喘气的摄影师说:"我买下它的时候,引擎是坏的。"是他自己动手修好了它。

但是让他头疼的不是机械部件问题。佐尔坦累得不行,因为他对这辆车的外形设计有非常明确的想法。他想把这辆旧"漫游小屋"改成一辆四轮棺材,它必须有棺材的样子。于是他在车顶盖上了从当地商店里买来的长木板。这辆房车经过细心装配,车

---

① 美国大型免费分类广告网站。——编者注

第二章
永　生

身全都涂上了棺材特有的木色。车的一侧写着"不朽巴士",接着是"与超人类主义者佐尔坦·伊斯特万一起"。车尾写着几个大字:科学对阵死亡。

这辆被改造成移动棺材的古怪房车不是要参加马戏团演出,也不是恶搞恐怖电影的道具。"不朽巴士"很荣幸要载着一位可能会当上美国总统的乘客进行全国巡回演讲。他叫佐尔坦,是代表超人类主义党的美国总统候选人。

这个家中还有一个机器人。它的名字和佐尔坦几年前出版的一本科幻小说中的人物一样,叫耶特罗·奈茨。毫不意外,这本小说的名字叫作《超人类主义者的赌注》(The Transchumanist Wager)。那个赌注如今终于从虚构故事走了出来。今天他启程了,这是值得庆祝的喜事。"战胜死亡"运动现在可以开始了。

佐尔坦选择了特哈查比作为巡讲的第一站,在这里的一个生物黑客大会上稍作停留。这里的人们深信通过与机械相结合能够实现自己成为增强人类的梦,而这里就是他们的圣殿,佐尔坦来到了他的主场。这种信仰的核心是:每个人都可以通过改造成为拥有特异功能的超人。而如今,他已经能够在他的日记中写下:"多亏了外骨骼,瘫痪的人能够走路了;通过仿生眼睛,盲人可以视物了;还有那些因为肢体残缺而饱受折磨的人,有了连接到神经系统的人造义肢,他们可以拿起瓶装水喝了。"

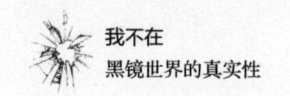

总统候选人躺在一张小床上,他往左手皮下植入了一块芯片,神态从容。他想要展示这只是一场不痛不痒的小手术。

"呃,我感觉好像马上就能从母体①中醒来。"植入手术完成后,他用沃卓斯基兄弟②虚构的故事中的情节开了个玩笑,因为"这个过程快到几乎没有痛感"。就这样,他也算是一个半机器人了。"在大会上,"他说,"有人不用车钥匙也能发动汽车,只要用装有芯片的手在那儿挥一挥就可以了。"

明天,人们就能用同样的方式关闭闹钟,或是在星巴克买咖啡。忘了带机票?完全没问题,只要在刷机票的闸机前刷一下手就能通过检票。

超现实主义者们的口号是:"活得更久,目标永生。"

佐尔坦代表了超现实主义者的公众形象。他过去的成功企业家经历让他可以在40岁出头时,全身心投入超人类主义者的事业。佐尔坦满头金发,身体强壮,健康得看上去就像个处于事业巅峰期的运动员。他就是个活广告,一个永生拥趸的模范。现在支持永生的人在硅谷到处都是,包括大量谷歌到贝宝(PayPal)的高层人员。

一次集会上,佐尔坦当着人们的面说:"我初步的目标是无

---

① 指电影《黑客帝国》中的母体。——译者注
② 《黑客帝国》的导演。——编者注

第二章
永 生

限地活下去。"这场集会聚集了各路人士,只讨论一个问题:相信肉体的永生。

佐尔坦的信仰是一条政治宣言,而非个人的人生哲学。他认为,所有人都应该永生,并且有一天,我们依靠科学和技术能够实现永生。因为死亡完全不是必然,死亡只是人类发展的一个过程,是可以克服的。

"死亡不是一种宿命。"佐尔坦冷静地解释道。许多年前,他曾作为记者被邀请到越南,他的向导在他离战争遗留地雷一步之遥时拦住了他,仅仅因为向导的这一举动,他与死神擦肩而过。

现在他的行为举止和说话方式中早已没有了那份恐惧的阴影。他全身心地致力于消除人们对死亡的恐惧,将死后的问题带到现世来解决,借助不断发展的科技来征服这个未知的问题。

此外,他在演讲中鼓动人们:"假如现在有一种算法能让我们感到无比幸福,我们中的很多人可能会使用它。"

在他看来,他作为候选人追求的那个职务,那个总统办公室中的位置,由人工智能来担任可能会更好。"总统的工作是给大多数人带来最大利益。这份工作机器能比人做得更好。"或者说假如能够人机协作那就更好了。为此,佐尔坦在他的巡回演讲中,给出了他设想的未来25年中,候选总统的机械改造人名单。

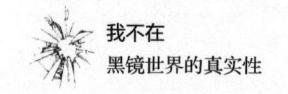

他还在不断进行巡回演讲。一天下午，为了重申"衰老是可以治疗的病痛"，同时也为了就"科学是否能够让爱情永垂不朽"这一问题征求大家的意见，他参加了圣迭戈的一场活动。接着他出现在菲尼克斯的机器人实验室中。随后他还参观了冷冻巨头公司Alcor，这家公司会将人的头颅放入真空保存，等待科学可以像传说中埃及法老不可思议的神力一样，复活石棺中的尸体。

更加传统意义上的政治依然存在。超人类主义者有着不同的政治背景，但佐尔坦是无政府主义者。他深信市场有自我调节平衡的能力，因此在资本主义社会中市场无须监管。每个人都应该可以根据其意愿，决定是充实自己还是荒废时间。

在接下来的几十年里，无论如何我们都无法占据进化链的顶端。某种东西将超越我们，或许是有自我意识的人工智能，或许是我们和人工智能一起进化成为另一种东西。超人类主义者们认为，到了2045年，我们会成为历史上最重大事件的见证者，而它也将成为最后的历史大事件，因为在那之后，所有东西都会变得一样，所有东西对人脑来说都很好理解，那个事件就是"奇点"。到了那天，人类会将生命赋予一台有知觉的机器，或者人类会变成那台机器。到了那天，可知事物和可尝试事物的边界将会无尽地扩大。那时，就像电影《她》（Her）中（过于）智能的

第二章
永 生

助理萨曼莎一样,人类将会消失,变为一种超越我们现在认知的事物。最终臻于完美,宛如神祇。

记者埃尔莫·基普(Elmo Keep)为了那篇刊登在"边缘"①(Verge)上的长篇报道,与超人类主义者佐尔坦进行了几次谈话。一天,在一次谈话中,他问佐尔坦:"如果以后有一天我们能够让所有人真正永生,会发生什么?还有,退休金怎么办?工作呢?更重要的是,地球会有足够资源供给所有人吗?更会有人口过剩、饥荒和环境破坏等问题发生,这样与其说是拯救世界,不如说完全是在酝酿灾祸。"

"我问他地球要怎么供养上亿永生者的时候,"基普写道,"他说不用担心这个。"佐尔坦认为,在接下来至多25年之内,"我们就会变成机器"。

佐尔坦提到,如果你变成了一台机器,就不再需要空气或者食物,而是需要太阳能,且只需要太阳能。如果人类变成机器,我们可以在地球上维持无尽的生命。佐尔坦预言:"人类一旦变成'纯能源',我们就可以把全体人类装进一个像帝国大厦一样的摩天大楼里,楼里填满了基于神经连接搭建的服务器。"

但是对于佐尔坦而言,活着有多宝贵呢?当基普在一家酒吧

---

① 一个科技博客。——译者注

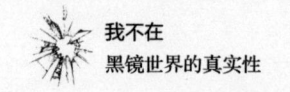

问他这个问题的时候,周围的工作人员已经开始打扫卫生,准备打烊,他们只剩下喝最后一杯的时间了,他们仍然在高谈阔论。

"亲爱的佐尔坦,你要怎样才愿意退出竞争(选择死亡)呢?"

"我永远不要当奴隶,"他回答,"奴隶制是所有社会体制里最糟糕的一种,如果我非得生活在奴隶制社会中,那么我会说死亡比苟活着更好。"

这里的苟活并非贬义。在未来主义者心中,道义责任要求他们必须提高效率。

基普对这个回答并不满意,他继续追问:"但是如果你被困在一个奴隶制社会中,而且你没办法自杀呢?"基普对佐尔坦的追问充满了布鲁克的风格和《黑镜》的精神。

如果你永远独自待在一个空荡荡的世界里,就像《卡里斯特号飞船》[①]的舰长一样,成为自己的虚拟世界中唯一的囚徒。如果你每天都要反复接受同一个刑罚,而且每次都像是第一次受罚。如果你永远被困在一个布偶里,你的个人意识只能借一只毛绒猴子之口来表达,只会说"谢谢"和"要抱抱"。如果你是一个死刑犯,将被数字化处决,变为一个幽灵复制体,只为了再次复活并再次接受处刑。

---

① 《黑镜》第四季第一集。——译者注

第二章
永 生

佐尔坦的经历和布鲁克的想法最终归于一处,那场记者和超人类主义者之间的对话听起来就像《黑镜》中某一集的剧本一样,但这段对话却真实发生了。

尤其是佐尔坦对接下来这个问题的回答。"如果你的数字复制体能够永远活着,却只能作为奴隶活着呢?除了去死,他还能怎么办?"

这一次,佐尔坦失去了乐观的心态:"那样的话你就永远被困在了地狱里。"

圣朱尼佩罗①海港的黄昏很迷人。城市的灯火从山上缓缓向下蔓延,逐渐亮起。黄昏前,天空变为红色,大海上毫无波澜,整个沙滩都是约克和凯莉的。这两个年轻又快乐的女人坐在一辆吉普车的引擎盖上,穿着漂亮的衣服,享受着她们临时决定的旅行。

沙砾、风、远处的小鸟,一切都看上去都如此真实。虽然约克知道这些都不是真实的,然而她的感官却在告诉她这一切都是真的。她一直反复对自己说,圣朱尼佩罗只是一个虚拟世界,只是为晚期病人、临终病人和逝者设计的一场游戏、一个骗局,骗他们自己从未死去。在一场电子幻梦中,他们的意识复制体可以体验到与现实生活同样的感觉。

---

① 《黑镜》第三季第四集中的虚拟城市。——译者注

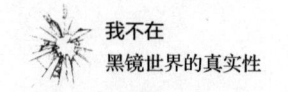

但是她不相信这种感觉。她问自己，假如自己真的能感受到爱意，这些怎么会是假的呢？至少那份爱应该是真的，甚至就是真的。这个想法给了她一丝慰藉。她在沙滩上晃动自己的双脚，对凯莉说："我喜欢这个地方。"她笑着，充满了快乐。

然而凯莉似乎无法同享这份热情。这不是她们第一次来圣朱尼佩罗了，她们在圣朱尼佩罗邂逅，然后开始建立友谊，最终成为一对挚友。而且直到那一天前，他们感情中的一切都很美好。但从那天起，一切都变了。因为在现实中，约克的心脏停止了跳动。从那天起，约克只能在那个虚拟世界里与凯莉交流，只能徘徊在那个世界里，因为在现实世界中她已经死去。

对于约克而言，圣朱尼佩罗之旅相当于一次机会，一次新生。是的，她看着凯莉的眼睛说："我现在就在这里生活了。"不管怎样，约克在这个虚拟世界里面看到了一个充满幸福的未来。两个患有不治之症、年衰岁暮的老妇人的故事不会再发展下去了，但是两个光彩照人的女孩所经历的故事还要继续写下去。只待凯莉下定决心把她的意识也转移到圣朱尼佩罗。

不过，凯莉虽然身患癌症，但她却依然活着，她并不在圣朱尼佩罗生活。她心中依然存有疑虑：她不知道永远到底意味着什么，如果有一天出于某种原因，我们想要结束这种永生呢？如果圣朱尼佩罗变成了一个看似美好却让人无法忍受的牢笼呢？

第二章
永 生

接着她又想到，两个不会发生变化、不会成熟、不会长大的人，她们之间的友情是什么东西呢？因为圣朱尼佩罗就是这样的一个虚拟世界，在这个世界里，人们沉浸在回忆中，不断重复着过去的日子，但圣朱尼佩罗并不能扭转生命的自然流逝。

如果这个世界只需要不断提供与我们有关的、共同的回忆，来疗愈孤独，减轻人们对未知死亡的恐惧，或许这个世界在某些时候真的会有用。与其被束缚在病床上，不如沉浸在自欺欺人的情感中，在不知道用什么软件搭建的20世纪80年代风格的舞池中，耗上几个世纪。与其让阿尔茨海默病夺走一个又一个回忆，不如就活在回忆之中。但是如果有一天幻梦破碎了呢？如果感情变得可笑，变得无趣，或者出现了更常见的情况——圣朱尼佩罗出现技术故障或遭到黑客攻击……她们会在哪种情况下从幻梦中醒来呢？

在这集《黑镜》的故事中，佐尔坦鼓吹的恐惧——那个无尽的地狱，又一次出现在这里。或者可能也不会到那一步。

肯定不会到那一步的。约克确信，即使在圣朱尼佩罗，你也可以选择死亡。为了说服她的挚友，她打了个响指，对她说："你可以把你自己抹除。"即使命定的暮年也总会有一条生路的。她自己的数字复制体能死亡，永生也能反悔，"这不是陷阱"。

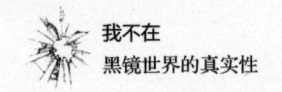

但无论如何，圣朱尼佩罗就是个陷阱。要怎么在不会结束的一生中给故事安排一个结局呢？如果不会死去，放弃、拒绝和怀念要如何体现呢？而且人们不会累积太多痛苦吗？苦于应付同一段感情的永生，真的会比死亡更好吗？

如果我们将自己转化为数字复制体，一直保持健康，一直保持年轻，我们还能相互背叛、失去对彼此的热情、提出分手或是互不理睬吗？

凯莉在对挚友说自己不想在死后永久转移至圣朱尼佩罗的时候，好像已经权衡过这一系列问题。因为她认为，正是因为万物终有时，人们之间的感情才会如此强烈，如此高尚，如此说不清道不明。

她向约克坦白，她以前遇到过一个男人，比起待在圣朱尼佩罗这位男人更愿意选择死亡。他那么做是因为他的女儿，女儿去世得太早，甚至都无法选择数字永生。男人说，如果她没得选，我又怎么能选呢？作为丈夫和父亲的这位男人的这番话似乎让人无法反驳。

然而约克不理解，她觉得那个男人选择死亡是一个愚蠢甚至自大的行为。她对凯莉说："他选择了永远丢下你。"

凯莉被约克的评价激怒了，她打了约克一耳光。"49年，我们一起走过了49年。"她凶狠地对约克说，"你甚至都无法想象

第二章
永 生

也无法理解这段关系的力量。其中有责任、有厌倦、有渴望、有笑容，还有爱情。你无法理解我们做出的牺牲，没法理解我为他付出的岁月和他为我付出的岁月。"

约克无法理解的是限度，或许时间因为有限才有价值。"30年的寿命就一定比长命百岁活得短吗？"早在超人类主义和圣朱尼佩罗的建造者之前，《杂录本》中的莱奥帕尔迪就已经发出过有力的质问，"哲学家很容易算出这些数字谁多谁少，但他们不满足于计算事物数量，还要计算质量，并且为其质量估值；而且他们不像死板的数学家，通常只会抽象地计算出一个数量，哲学家会计算事物相应的实体、性质和本质，还有其中具体而真实的力量。"

最后的这个词"真实的"，在那个傍晚的黄昏中，凯莉也表达了相同的意思，这刺痛了一颗心。就在她在用另一种方式说出诗人莱奥帕尔迪的思考时，在她问约克是否真的想要"在一个没有什么意义的地方永远生活下去"时，她确实刺痛了挚友的心。

"我不想，"她对约克说，"比起变成干巴巴的数字，我宁愿归于虚无。"只不过她很快改变了主意。

约克和凯莉，她们是嵌在数据中心几百万块芯片中的两块，也是两个在数字世界重生的灵魂，朝着同一个未来共同奋斗，她们会永远或者说几乎永远在一起，过着幸福的生活，但她们却给

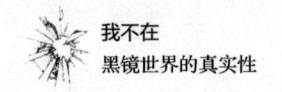

我们这些观众留下了一个发人深省的问题，一个永恒不变的天堂是否真的能算是天堂。

如果真的有这个选项的话，现在应该有很多人愿意选择虚拟永生。一些人已经在尝试这么做了。在硅谷，创业公司和企业嗅到了一个价值上亿且还没有流行起来的商机，这些公司大量出现，将死亡变成一项定制服务，这一切的出现绝非偶然。他们认为死亡不再是人生的结束，而是技术发展的副产品。

比如，已经有4000多人在使用一个可以让他们"虚拟永生"的软件。这个软件叫"永恒"（Eternime），向注册用户提供了成为会员的机会，他们可以提前试用软件的订立遗嘱的功能。《黑镜》粉丝已经很熟悉这种功能了：收集你的想法、经历和记忆，经过细致分析和处理后，用于创造一个与你十分相像的智能虚拟形象。

"永恒"明确提出了一个问题：如果人们能以虚拟形象的形式生活，会发生什么呢？还有，是不是以后人们真的可以与你的记忆、经历和想法互动，就像他们真的在和你对话一样？

如果这样的奇迹发生，人们也能够得到慰藉。即使复制体无法做到和原型完全相同，但对于人们而言，为什么它必然会很快变成一个问题，甚至变成一场噩梦呢？而对于无法接受至亲至爱离去的人，他们又需多少个数字复制体才能感到满足，或者让他

第二章
永 生

们至少能够面对亲人的离世呢？

换句话说，多少人能靠一个数字复制体就满足了呢？

在"永恒"这个野心勃勃同时也令人畏惧的计划中，他们称自己就像"一座没有书的人类图书馆"，或者也可以说像一个"可以让当代人和未来几代人互动的平台"。现在我可以浏览我那因为癌症去世的父亲留下的记录，并且在一个聊天软件里复活他，在那儿他可以不停抬杠，尽情愤世嫉俗地抨击不道德之人，就跟他以前每次吃饭看电视新闻的时候一模一样。明天，我可以和故去的朋友谈心，他因为掉下瀑布，已经在世界的另一端去世了。每个人在数字书架上都有一席之地。点一下右上角的关闭按钮，他们就像合上书一样被关上了。

但刚才描绘的依然只是永生的其中一种含义，对于很多人来说这还不够。他们想要真正地永远活下去，而不是变成某种智能软件的一部分。他们正在追求永恒的生命，追求保持现有的状态永远地活下去，想要将同一个意识放在另一具或天然或合成的躯体中。

反对这个设想的哲学论点多如牛毛，但我们可以先暂时不管这些论点。我们先假设一切真能像上传意识的理论所说的那样：意识并不依赖血肉之躯，相反，意识就像是一个软件、一个程序，而人的大脑相当于代码，这种代码语言由一行行结构精巧的

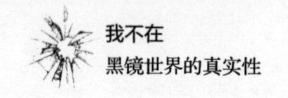

神经连接构成。

这就是上传意识的理论前提。如果可以像绘制地图一样描绘出这个结构，并用计算机程序转写出大脑活动，那么我们就可以尽可能地模拟意识，复制意识，再将它转移到其他躯体中，就像同一个软件可以装到不同的硬件上。如果程序员足够优秀，并且计算机的计算能力足够强，我们就能像《副本》[①]（*Altered Carbon*）中那样，从一个身体转移到另一个身体里，不用再顾虑我们脆弱的肉体，从而实现永生。

支持这种想法的人将这个过程称为"摆脱基质"。如果进化让我们从猿人变成智人，那么智人是否能通过科技超越自我，从碳基走向硅基，并且带着意识、经历从人类成为超人类，这一假想中的超人类将拥有超乎我们想象的思维能力和身体素质。

而唱衰这个想法的人认为这完全是幻想，而且是病态的幻想。不过，与此同时，以"摆脱基质"为主题的项目却如雨后春笋般不断冒出来。

有的人试图获取大脑的完整图谱，比如荷兰研究员兰德尔·科恩（Randal Koene）。如果没有这个图谱的指引，任何试图行船前往超人类彼岸的船员，最终都会遭遇海难。科恩的基金会

---

① 科幻小说，由理查德·摩根所著。——译者注

"复制碳基生命体"（Carbon Copies）主张保存、修复、甚至增强你的意识、经历，超越生物界限，这个界限是我们的强敌，它划分了生命和死亡的边界。然而，如果朝正确的方向不懈努力，我们也许能实现科学进步，它或许能够解读神经和突触是如何编码你的记忆的，这样它们受损时我们可以用"神经义肢"来复原，或者用来修复因疾病或衰老退化的大脑功能。如果以后机器可以替代大脑，我们就可以用另一台机器，用全新的数字大脑来换掉受损的大脑。

科恩知道，这看上去就像是亚瑟·克拉克（Arthur C. Clarke）书中的片段，那本书叫《城市与群星》（The City and the Sears），是一本科幻小说，正是这本书让还是小男孩的科恩迷上了这个主题。这本书中天马行空的想象也同样启发克拉克写下了一本以人工智能背景下残酷又壮阔的旅途为题材的科幻小说——《2001：太空漫游》（2001：A Space Odyssey）。

但是大脑图谱始终只是科幻小说里的想象。奥巴马在连任后，他的政府团队曾投资过这个概念，他们在2013年启动了大脑计划，这是一项政府和私人合作的项目，旨在具体了解大脑每一个部分到底是如何运转的，以此揭开知觉和意识的奥秘，这里的意识类似于佐尔坦小说中的"赌注"。欧盟也发起了相似的人类大脑计划，这项计划将持续10年，其目标之一就是要

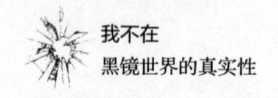

"模拟大脑"。

总之,这是幻想,但是是合乎情理的幻想。

科恩预言,到时候身体将不再是我们个人身份的一部分,因为那时身体已经变成了可以替换的商品,而身体里的大脑就像硬盘,储存的文件可以按需复制。而他也并不是唯一一个做出了这类预言的人。

例如,初创医疗企业Nectome就主张"将我们的大脑数字化,利用那些数字化后的信息来重新创造我们的思想"。同样大胆的孵化器公司YCombinator甚至已经开始收集实验材料。他们的宣传标语甚至可以说是史上最恐怖的:"如果你是一个临终病人,允许我们介入你生命的终点吧。这样它就不会是真的终点!"

问题是这种材料必须是新鲜的才有用。YCombinator公司的两位联合创始人均毕业于麻省理工学院,据他们说,如果垂死之人在生命的最后时刻连上一台心肺机器,并且向他们的颈动脉注射合适的化合物,即使无法避免他们的肉体死亡,也能够保存下他们的大脑,保留大脑中每个微小的细节。

总而言之,这只是荒谬的协助自杀,因为病人在手术之前必须还活着,手术之后病人就死了,只为了在未来一个不确定的时刻复活。Nectome公司研发的技术实际上是希望保存大脑在死亡瞬间的大量信息,等技术足够成熟,可以将这些信息用于复制错综

第二章
永 生

复杂的神经连接，最终以这种方式让逝者再生。

麻省理工学院已经被它的毕业生甩在了身后，开启这趟旅程的前提条件听上去依然很科幻，但这些都不重要了。更加重要的是，《科技评论》报道，这家创业公司与麻省理工学院著名脑科学家的合作，已经获得了美国联邦政府的大额投资，他们甚至因为完美地保存了一个猪大脑而得到80000美元的奖励，人们可以用电子显微镜观察到猪脑里的任意一个突触。

汉斯·莫拉维克（Hans Moravec）在1988年的著作中就已经写过类似的设想。躺在手术台上的人观察着机器从他身上提取了自己的大脑，直到肉体的感官逐渐远去，挣脱了肉体束缚，意识在体外看着自己的身体，准备找一个可以栖居的新家。

"现在，你作为动物的生命已经结束了，"《卫报》总结道，"并且，你作为机器的生活开始了。"

如果意识不再被寿命有限的肉体束缚，无限漫长的人生将会多么残酷而荒谬。在很长一段时间里，《黑镜》不过只是讨论这个问题的一部视听作品，而不会成为现实。

如果未来旅行社的所有选项中一定会包含一张通向虚拟永生的单程票，你最好记得提出要有回程的机会，或者至少有逃跑的机会。

第三章
相信我

我不在
黑镜世界的真实性

我不在
黑镜世界的真实性

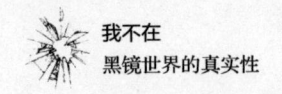

最近我在旅行途中注意到,人们会做出一些以前不常见的举动。在里斯本的一个旅馆,我表示对旅馆有一些不满,老板便主动提出退还房费。而作为交换,我承诺不在网上给他的旅馆写差评。

在米兰,一个被雨浇透的外卖员不停地向我道歉,因为他比外卖应用程序Glovo上承诺的送达时间晚了两分钟才把我的晚餐送到。即便我从来没想过因为这个要给他的派送打四星而不是五星,他还是不停地向我道歉。

我从家政网站Helpling上找来的家政人员比约定时长多工作了30分钟,她却一分钱都不想多收,她说:"只要在应用程序上给我打满分就行。"

在阿姆斯特丹的市中心,一个优步(Uber)的司机十分不安,他想搞明白是我还是另一位乘客叫了他的车,因为如果他让乘客在一月的冷风冻雨中等着,将会极大增加他得差评的概率。

在我的一生中,我见过各种各样的出租车司机,有的担心接错客人,还有一些从来不担心这件事。但我之前从来没有见过一名司机因为担心接错客人而愤怒,而且明显在发火,甚至比真的接错客人还要生气。

第三章
相信我

我还能举出无数个这样的例子，人与人之间的联系越密切，就越受制于每个人的评价。每件事都有一个分数，需要你做出评价，由此算出一个平均分、一个百分比、一个星级、点赞数或者喜欢数。

写长评或是单击一下打分都有效。在亚马逊网站上购买的商品、爱彼迎（Airbnb）的民宿、谷歌的搜索结果，还有脸书的页面在各种网页上总会有评价的地方，评价的价值也已经广为人知。数字营销集团Fan&Fuel的一次研究指出，97%在网上购物的消费者认为评价会影响自己的消费选择。

不仅如此，92%的网购消费者表示完全不信任没有评价的网络店铺。"我们发现，人们购买商品或者选择餐厅的时候，将网络上的评价看作是第二可信的信息来源。"点评网站ReviewTrackers的曼迪·约对记者说："排第一的是朋友和家人的评价。"

我们有两项明确的义务。第一是打分；第二是听大家的评价。

在一些人看来，这是评论时代的终结，这样的形式把权力从专业的评论家手中夺走，交给了陌生的路人和账号，这样企业在必要时就可以扭转评论风向。而对于另一些人而言，这是必要的民主，这种方式真正让大众不受评论家偏好的误导，更不用说评论家可以被买通了。

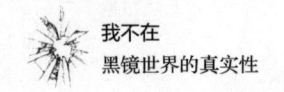

因此，特斯拉和美国太空探索技术公司（SpaceX）的创始人埃隆·马斯克对这个问题已经开展过许多次讨论，他认为这一现象也在意料之中。他提议建立一个网站，让所有人都能评价新闻的真实性，特别是能给每个记者打分。"可信度评分体系"最终应该能把我们从那些被资本操纵的评论中解救出来。

不到一天时间，已经有至少40万推特用户同意他的观点：除了要给新闻评价真实性和可信度，对其他的人类活动也应该加以评价。其他活动也将受制于这两项义务：打分和听大家的评价。

新闻记者会像外卖员、司机、房东或者书店老板一样，收到人们的打分。显示器前的"群众"将聚集在网络这个虚拟集会上，告诉我们记者得多少分，他们是否值这个分数。

研究表明，人们首先会看分数和星级，然后如果我们必须从两个星级相同的东西之中选一个，评价数量更多的那个被选择的概率更高。因此为了获得尽可能高的得分，我们必须保持完美。但这还不够，我们还要足够讨人喜欢，让尽可能多的人给我们打分来证明这一点。

我可以预见由此产生的焦虑，但这么做是正确的。三明治按时送到，出租车准时到达，家里被打扫得明亮又整洁，商家寄来的图书与商品描述完全一致。还有医疗机构，如果一家医院能让很多病人自发写下评论说自己痊愈了，而且医疗机构的服务还很热情，那么这家医疗机构一定非常好。

然后打分就成了大多数人想要的东西。不过，打分真的永远不会有坏处吗？

"如果你那时候就告诉我，我们会凭借这个创意筹集到25万美元，而且我们要为了开发一个应用程序搬到洛杉矶去住3个月，"茱莉亚说，并张嘴大笑，"我那时候就会跟你说：为什么不呢，当然得去！"

她驾驶着一辆高档奥迪汽车，飞驰在加利福尼亚的绿荫和阳光之中。她充满干劲地前往一场会议，这是她和一群应用程序开发者开的第二场会了，他们开发的应用程序是用来给人们打分的，叫Peeple。这个应用程序是茱莉亚和联合创始人妮科尔一起构想的。

从后排的座席看去，会议室坐了三分之一的位置。这是2015年的春天，前排座位上的两位女士都很年轻，满头金发，充满自信。她们确信自己的网站会是脸书的接班人，它会再次改变世界。有了这个网站，每时每刻都能得到记录，人们说出的每个词、每个愿望和每次自白都会变成油管网上的视频，以供未来的历史学家考证。

茱莉亚谈到了"会给每个人都留下丰富的资料"，她充满热情地承诺："这些资料足以让人们看出哪些人是真的好人。"

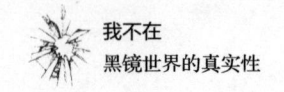

对于茱莉亚来说，洛杉矶之旅是回了一趟老家。她在这里出生、长大。在搬到现在的住处之前，她在洛杉矶度过了一半的人生。她很可靠，也有同情心、有胆量。她最开始担任食品业巨头通用磨坊的销售代表，然后在自己创办的卡尔加里（Calgary）公司负责了将近十年的员工招聘工作。

她内心是个企业家。她在领英（LinkedIn）的个人资料上写着："自由是我最重要的东西。"

然而，随着时间的推移，她得出一个痛苦的结论。人与人之间的虚拟连接越来越多，而真正的连接却越来越少。就像数字心理学家雪莉·特克（Sherry Turkle）的畅销书的书名《一起孤独》（Alone Together）一样，我们越发感到"在一起，却孤独"，这本书备受读者喜爱并引发了热烈讨论。我们漠视他人，同时也被他人漠视，身处这样的人群中，我们感到孤独，不再信任任何人。

在另一个视频中，茱莉亚提到了她返回加利福尼亚的经历，借由这个故事更加清晰地阐述了这个观点。她面对摄影机时说道："找个出租房变得非常难。"她疲惫得就像刚花了漫长的一天去改变世界。"我和妮科尔在短租平台Vrbo上联系了一些人。"Vrbo是美国主流的租房网站。"他们都不相信我们，因为我从来没有在那个平台上租过房，所以没有人给我留下任何

第三章
相信我

评论。"

更糟糕的是,"反过来,我也会看别人给我想租的房子的房东留下的评价,有些评价不是很好。我不知道该不该相信他们。"

一开始,茱莉亚甚至完全进不去她的公寓。网上给她的密码是错的,多亏了邻居施以援手,她才进了大门。借用意大利著名政治家朱利奥·安德烈奥蒂(Giulio Andreotti)的名言[1],我们可以说:在网上说别人坏话是不对的,但他人也经常揣测我们。

对茱莉亚而言,那次租房的灾难性体验并不是一件值得拿出来说的趣事,而更像是一则寓言:我们就这样被自己的孤独感和网络上那些五花八门的评价所支配,已经沦落到要相信网上的陌生人了吗?

她认为我们需要一次革命,而应用程序Peeple能做到。任何有智能手机的人都能通过这个应用程序辨别出谁是最好的人,并且只跟他们来往。

怎么做到呢?很简单。下载应用程序,打开它,应用程序会显示在附近的所有用户。应用程序会给每个人都生成一个数值,并综合计算每个人三个方面的特质:专业水平、个人评价和情感

---

[1] 这句名言原文是:说别人坏话是不对的,但他人也经常揣测我们。——译者注

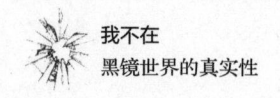

评价。

科德雷解释道,我们每个人都能把想要评价的人记录上去,只要输入一个电话号码就可以。而且每个有手机的人都可以给出好评或差评,也可以写评论。

事实上,这就是一个"评价人的Yelp[①]"。这个理想如果实现,每个人都能立刻与网上的一个数值联系起来,这样所有人都知道这个人为什么得到这样的分数。

在一个这样的世界里,信誉就是货币。"你的品格决定了你的命运。"刚刚兴起的数字革命宣读了这句格言。

人们打分,也被打分。

在科德雷的构想中,这个应用程序完美地将这个人们沉醉于共享经济的社会补充完整,在这个社会里任何东西都能共享经济化。那个坐在吧台旁边的英俊男子是一个情感上可靠的伴侣吗?邻居能够照顾好我们的狗吗?或者将狗狗独自留在家中更好?有必要和那个酒保聊两句吗?或是他脾气不好,性格古怪,常常对客人肆意发表不当言论,做出不当行为?应用程序Peeple能回答这个问题,还能回答其他任何和我们身边的人有关的问题。茱莉亚表示,人们将仿佛生活在小村庄里,村子里所有人都知道其他人

---

① 一个点评网站。——编者注

第三章
相信我

的事情，只不过这个范围变成了全球，所以不会有人感到孤独。

这些视频数量增加到了十几个。视频中，茱莉亚救济穷人，向人们和专家征求意见，并不断播出茱莉亚和妮科尔一起进行漫长而有趣的头脑风暴的画面。茱莉亚和妮科尔都不会错过任何一个为那些想要成为下一个扎克伯格的新秀举办的社交活动。

在一个视频中，茱莉亚透露，对于她们而言，应用程序Peeple是一场决定性的社会实验。

另一个视频是在美国蒙大拿州梅尔罗斯的一辆沙漠越野车上拍摄的。在忙乱的拍摄中，茱莉亚喝了几杯火龙肉桂威士忌，她有些激动，在无意中吐露，她的野心"不是钱，而是想创造出对世界上其他人都有价值的东西"。

如果有一天，历史学家们想要描绘对评分的痴迷，这些视频将会是他们必不可少的资料。这些人认为"自己是创造世界的人，而不是开办公司的人"，不过实际情况是，拥有这些能够以无形的方式引导人们去想、去选择的算法的，正是他们开办的公司。

从根本来看，这是一个告密者的社会："其他人怎么评价我们很重要。"

这不只是一个政治问题，更是一个关于人性的问题。因为应用程序Peeple的构想会让人沦为一个脸书账号：脸书操纵这个人，通过红心点赞，评论和分享，不停地建议我们变成"朋友"口中

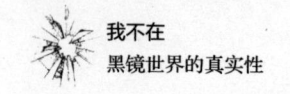

的我们。总之，他们的赞许才是最重要的。

出于同样的原因，所有的社交媒体都强迫这个全新的我只与"优中选优的人"交往，强迫人们围着那些转发、喜欢、点赞或者评论数更高的人转，并且远离那些热度低的人。这是网络时代的新古典主义。茱莉亚和妮科尔不明白这个道理，她们满脸笑意，单纯地设想出了一台完美的歧视机器，一台一定会被滥用的机器，而且她们还试图造出这台机器。因为这台机器披着社交媒体时代所有成功应用程序都有的光鲜外衣，所以它甚至会更加危险。为了试图拯救世界，她们冒着风险将社会工程学变成了一场游戏，用一个数字来代替个人身份。

过了几周，该领域的媒体开始察觉到这桩怪事，随后主流媒体也注意到了。应用程序Peeple是当代的一个重要现象。并且对于茱莉亚和妮科尔而言，事情变得复杂起来。针对她们发明的将全球联系起来并让人们相互评判的"乌托邦"，各种批评不断涌现出来。

"我是一个人，不是一个算法。"用户们在这款应用程序的脸书主页上发帖，这导致了这款应用程序的发布继续推迟。如果有厌恶我们的人故意说我们坏话呢？如果他们有组织地一拥而上，用大量的差评破坏我们的公众形象，毁掉我们的生活呢？有什么能阻止他们这么做吗？

第三章
相信我

妻子们会从陌生评论中看到丈夫出轨了，虽然评论可能是被捏造的，但她们最终还是会怀疑丈夫出轨。老板会读到有关员工阴暗面的评论，即使这些评论纯属揣测，也无从证实。

"我曾经认为他喜欢狗，然而你看看其他人给他写的评价。"

滥用评价的影响不可估量。

在一段视频中，在一家餐馆和当地的科技圈人士客套了一晚后，茱莉亚回到家中。坐在客厅时，她吐露了自己的心声，她真诚地说道："当你为你说过的话负责，也为听你话的人负责的时候，我认为这个应用程序上的正面评价会比负面评价多，但是我不希望上面只有正面评价。"实际上，通过应用程序Peeple，"我们想知道你身边的人是不是小偷，是不是曾经伤过人，是不是易怒。他们总是说谎吗？是自恋狂吗？这些事情还是有所了解比较好。我们不是生活在一个玩具城，我们并不想只看见人们最好的那一面。我认为这个应用程序肯定会让好人为大家所知，但是如果没有负面的那部分，这就会失去意义。"

为了了解邻居或是某个熟人，人们要接纳一个会毁人名誉的系统，人们只需要在手机上点几下就能使用它。

人们打分，也被打分。

或者情况也可能向好发展：人们本来不得不接纳这个应用

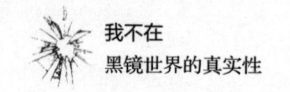

程序，但因为现在这个应用程序已经被污名化了，所以几乎没有人注册它。虽然茱莉亚做了很多努力，她删除了所有宣传用的那些奇怪视频，但她还是没能找到切实可行的方法来挽救应用程序Peeple的形象，于是这个项目不幸失败。

可是它引发的恐惧留了下来。例如，可能会有人用更好的方式创造并发布另一个应用程序，实现应用程序Peeple的梦想。可能它的用户最终都适应了这种为社会所接受的行为，他们屈服了，或是找到了避免差评的方法。这个平均分定义了他们的为人，差评或低分会让他们变得低人一等。

在这样的社会里，人们由数字构成，他们不计一切代价避免那个数字下降。

升高，这个数字必须一直升高。比如，蕾西想要提高她的评分。她想要一个更高档的新房子，房子里要配有各种舒适的设施。她希望这套房子在"高分"区，这样她就能融入更好的社交圈。因为每个人都有自己的评分，评分高的人大部分都非富即贵。

她很努力，遵守规则。那个社会是《黑镜》虚构出来的，但它与我们的社会非常相似。蕾西的评分是4.2分，这足够让她过上体面的生活，但她并不满足于这样的生活。为了得到梦想中的房子，她需要达到4.5分。房产经纪人告诉她，要享受提供给网络名

第三章
相信我

人的八折优惠,条件就是评分达到4.5分。

  为此,每个早晨她都对着镜子练习微笑,之后她在咖啡厅,在工作中,整天都展露微笑。如果她想要五星满分,她必须一直微笑。社交网络上的每条信息,她都打五星。每次社交互动,她都报以灿烂微笑,旁人说一句话,她就会立马打五星。

  因为什么都逃不开量化,逃不开一个人对另一个人的评价。

  蕾西忙忙碌碌,不断努力,搞得自己筋疲力尽。她试图表现得有教养、有礼貌、守规矩。她甚至还聘请了一个顾问,帮助她提高声望,但是好像已经没有什么能做的了。为了提高自己的评分,她应该和更多评分高的人交往。她必须吸引高分段的人来注意她。

  一天,正当她绝望地寻找生机时,她在自己的社交账号上发布了一张"破烂先生"的照片,那是她的布偶熊。奇迹发生了,她童年的玩伴,一个4.8分的女孩看到了这张照片,给了她五星。由于这次和超级明星的互动,蕾西进入了一个充满新机会的世界:和高分的人互动会提升她的评分。

  这个机会立刻变成了现实。她的朋友在追忆往昔后,十分怀念过去,并邀请蕾西去她的婚礼,而且还是邀请她去当伴娘。受邀的客人全都是4.5分以上的。这是蕾西千载难逢的机会:她可以提高自己的评分,并因此融入更好的社交圈。她将会享有更多权

075

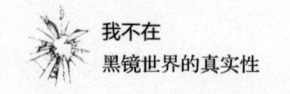

利，拥有更多奢侈品。

人们打分，也被打分。

显然，茱莉亚和妮科尔的梦想在蕾西的社会里实现了。这是一个看似光鲜亮丽、容不下一丝灰尘的高科技天堂，人人行为良好、举止得体，社会高度发达。这个天堂的核心是社交，这里的任何人都能成功。这个社会的重点是口号、活力和参与社交。越是能得到网络名人关注的人，我们就越会觉得他们有价值。

不停地发布帖子，发表评论。打分，也被别人打分，这样你早晚也会被人们关注。现在的美国人似乎正处于这样的模式。

就像应用程序Peeple的创始人们所设想的一样，蕾西也基本认同这个想法：那些数字有某种意义，会将整个社会建立在一至五星的等级之上，这真是个乌托邦。然后，无法避免地，一切崩溃了。

就像茱莉亚和妮科尔经历的那样，蕾西也经历了人性中无法解释却又无比现实的残酷。蕾西和窗口的柜员产生了一些误会，这个柜员好像不惜任何代价都要搅乱蕾西的人生计划，而后蕾西对着安保人员和路人出言不逊，并发生口角，而这无数陌生的路人正是决定了蕾西评分的"上帝"。

她与这些人吵架，让他们滚开。于是她再也没得到五星，她的星级降低，甚至越来越低。她的评分下降了，她的火气一下就

第三章
相信我

上来了,因为她的特权被剥夺了。

她的护照再也拿不到签证,她甚至租不到车。她买不了去婚礼举办地的飞机票,这场婚礼本来可能会改变她的生活。但是在她多次违规之后,算法判定她的评分不够高了。

她身边的所有人共同为她的每一个行为算出了一个数值,而这个数值让她失去了自由旅行的权利。

她没有放弃。就像被生存的本能驱动,她费尽周章,终于成功到达了婚礼现场。但是因为她为了抵达婚礼现场用了很多权宜之计,这些曲折经历让她很快坠入地狱。她就像是经历了一次《自由落体》[①],这也是《黑镜》这一集的标题,然而这一集的内容却根本没有什么自由可言。当蕾西经历了歧视、嘲弄、惩罚,最终到达婚礼时,她的状态显然十分反常,她衣衫破烂,妆容全花。当她意识到她无法讨好现场那些贵人时,她完全失去了控制。当她挥舞小刀,威胁要砍掉"破烂先生"的脑袋时,她的评分落入了无法挽回的境地。蕾西明白她输了,最终她被关进了监狱。

她的评分更低了。然而一同到来的还有救赎自己的机会。因为只有在监狱里,她才可以好好地发泄、咒骂,将身体里压

---

① 原文为 Free Fall,《黑镜》第三季第一集,或译为《急转直下》。——译者注

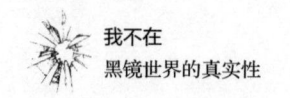

抑太久的"野兽"释放出来。铁栏之后,虚伪的从众者终于卸下了伪装。

不过最后一幕给人的印象是,蕾西终于自由了。或许那才是真正的自由。

虽然听上去可能很矛盾,但在蕾西所处的那个世界里解放自我,比在我们的世界中更容易。现实世界中的我们被一连串奇怪的评分束缚住了,每一段社会关系都有评分,无穷无尽。但是现实世界里的评分并没有让我们感受到《黑镜》中或是应用程序Peeple上的人们明确感受到的那股压抑。因此,我们没觉得自己是囚徒。也许我们是,但是我们没有这样觉得。

蕾西的束缚呢?她的束缚很明显,我们都意识到了。她的束缚就像戴夫·艾格斯(Dave Eggers)的科幻小说《圆环》(The Circle)中写到的一样,书中描述了一家比谷歌和脸书那样的巨头还要庞大的公司。这个世界与我们世界几乎没有什么不同,只不过有一家个人数据的寡头公司垄断了市场,这家公司甚至兼并了所有公司,变成了唯一一家垄断公司。这家公司以一种比现在还要扭曲和大胆的方式粉碎了个人的隐私。

在所有例子中,个人的概念被抹杀,政治和经济权力侵入个人最私密的领域,这些例子所展现出的是一个真正的数字集权主义:监视常态化、个人基本权利被破坏、歧视和暴力随处可见、

第三章
相信我

权力变得完全不透明。虽然形式有所不同，但是结果是一样的，这种结果早在20世纪我们就已经接触过了。

因此，从中解脱出来可以说是解放了天性。蕾西必须能够发泄心中的不满。我们生活中的一些事是不应该拿出来分享，也不能让大众去评价的。更难的是，我们如何才能将自己从现在的数字化枷锁中解放出来，因为尚且没有刺痛能让我们意识到枷锁的存在。这种枷锁确实存在，但是它们知道该如何隐藏自己。

从斯诺登事件到剑桥分析公司[①]（Cambridge Analytica）的丑闻，普通人会说："这些事情与我无关，"然后补充说道，"如果你没有做什么见不得人的事，那你就无所畏惧。"

但是事实是，枷锁是无形的，对于那些在寻找相同枷锁的人来说，它们真的存在。很多我们并不了解的数字定义了我们，它们根据我们不了解的标准和目的，以我们不了解的主题量化了我们。或许它们真的会影响我们的生活，但是我们不了解其形式、时间和原因。因此这一切看上去不过是个游戏，有时也许确实令人讨厌，却基本没有什么坏处。

我们都是数字，当然，除此之外我们还是人类，我们依然有权利和义务。是的，事情就应该如此。但是这种情况却越来越难

[①] 一家资料搜查和数据分析的私人企业。——译者注

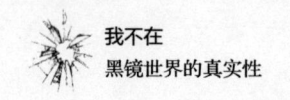

维持了。

此外，我们甚至都没有讨论过，如果压迫变得更明显，卷入更多人，和《黑镜》及应用程序Peeple的噩梦愈发相似，我们会不会试图解放自我作为反抗。可能我们会将生活中的每一面都向算法敞开，让算法为我们做选择，计算其他人的平均分，这让我们感觉那么好，那么轻松，甚至都能说服我们，让我们认为完全不需要解放自己。

然而，在这个世界里，语音智能助理、智能家居、智能汽车、智能手机正不断代替我们选择，而且它们做出的选择会跟我们自己为了自己的利益考虑而做出的选择一样，这样的世界是个自在的世界，人们永远不需要真正做出选择。"有了智能技术，"日产汽车的一个广告说，"你将永远能找到正确的解决方案。"这句广告也是一代人的名言。

当人被极端量化为分数，分数制造出了不负责任的个体，人们永远无法长大成人，没权利享受自己的胜利，也没有权利为自己的失败哭泣。然而，这同时也让人们变得轻松，摆脱了在每一次人生岔路口时需要做出选择的责任，然而正是这些选择造就了每个人不同的人生。

这样一个承诺令人极度舒适，就像永不消逝的童年，非常有诱惑力，比人们试图思考人类还剩下些什么的时候那种恐惧更有

第三章
相信我

诱惑力。一旦人们被转变为一个数字,这个数字至少在理想情况下只会上升。

但是,我们依然会被我们不了解的算法操纵,我们依旧是受害者,算法会宣判我们无罪还是有罪,算法会决定我们的贷款额度和保险费用,决定我们的权利和豁免。那么为什么我们不问问自己,怎么从来没有人反抗过呢?

因为目前算法的标准还是不透明的,它掌握在少数人和一些大公司手中,它们想要的是你能遵规守纪、服从和控制。

然而我们之中没有人跳出来反对这样不停操控我们、将我们商品化和量化的公司。就像蕾西一样,或许对我们而言,更重要的是要提升那个数字。

第四章
记住一切

我不在

黑镜世界的真实性

我不在
黑镜世界的真实性

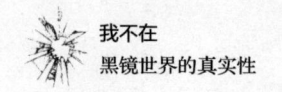

2012年7月1日的夜晚，史蒂夫·曼恩（Steve Mann）和妻子、孩子们一起走进了一家位于巴黎香榭丽舍大街的麦当劳。他们参观了8个博物馆，坐船沿岸游览。在一天完美的旅行过后，他们理所当然地感到饥饿，想要直奔点餐台。

然而曼恩不是一个普通的男人，他戴着一副眼镜。这副眼镜装载了他发明的一个叫EyeTap的装置，可以录下他看到的所有东西。这位多伦多大学的研究员和教授在他发表的文章中写道："（这是）一个几乎隐形的设备，可以让人眼同时具有摄像机和显示屏的功能。"但那副眼镜完全不是隐形的。曼恩之前还被迫穿戴过一个更奇怪的头盔以及一个和头盔差不多重的背包，当然与这些相比，这副眼镜更像个早期原型产品，但是它还没有隐形到能逃过餐厅保安的眼睛。

在曼恩的博客上，他从自己的角度讲述了他进入快餐店后几分钟里经历的事情，文字旁配上了智能眼镜EyeTap拍下的照片。他认为他进店后立刻遇到了一次令人无法接受的种群歧视，所以他想要拍下证据。这个世界需要了解此事：加入半机器人这个小众群体的风险本就不小，现在还要因为自己是半机器人而遭到攻击。

第四章
记住一切

曼恩讲述，其实他和家人刚踏进麦当劳的大门，就有一个自称是麦当劳员工的人接待了他们。这个员工被智能眼镜EyeTap所吸引，他很可能误以为这是一台奇怪的摄像机。他想知道这个看起来像是《终结者》电影道具的眼镜具体是什么东西。

曼恩穿戴类似的装置已有三四年了，他习惯了这种问题，他出示了这个视觉辅助系统的医学证明和资料，解答了员工的疑问。他们可以点餐了。

他们点了一个汉堡、一个芒果味冰激凌和两个鸡肉卷。曼恩的女儿说了几句法语，得到了收银员的称赞。他们是为了练习法语才来到这里的：巴黎口音似乎有一种不容易模仿的优雅，自己只需要学一些皮毛就能在回加拿大之后为此感到自豪。

他们坐在麦当劳门口附近的座位上，曼恩一边开始吃东西，一边看着大路上来往的行人。他写道，这时他被一个人攻击了，曼恩将那人用机器语言定义为"掠食者1"。他愤怒地抓住了曼恩的眼镜，"试图把眼镜从我头上拽下来"，即使这样可能会让客人受伤，因为这副眼镜没有特殊工具是取不下来的，它安装在颅骨上。

曼恩试着让他冷静下来，他又一次出示了证明文件。但是攻击者并不满意。从这一刻起，曼恩描述的场面还要更超现实：三个人围住了这个半机器人，一个坐在桌子旁，一个拿着清洁用的

085

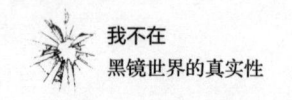

桶和拖把,而"掠食者1"手里拿着曼恩的文件。

他们商量着要怎么处理这件事。那些文件在他们手中传了几次,虽然没有被撕碎,但他们最后还是把曼恩一家人从店里赶了出去,赶到了大街上。

在这个故事被刊登到报纸上后,麦当劳发布了一则声明,否认他们有任何过激举动,坚称工作人员一直表现得很有礼貌,并且没有给曼恩的设备造成损坏。"我们很抱歉,我们的工作人员要求停止在餐厅内录像的举动冒犯了这位客人。"麦当劳在给半机器人的一封邮件中写道:"正如之前所说,我们的员工只是在保护员工和客人的隐私,而隐私权受法国法律的保护。"

任何人都能访问曼恩的博客,也可以验证博文中所发布的在智能眼镜EyeTap关闭之前拍摄的照片是否与麦当劳的说辞一致。但是比起事实本身,更重要的是叙述这个事件的方式。曼恩博客上的文章其实不只是一则细节极尽翔实的投诉,它还呈现出世上存在的这样一种观点,即记录下个人生活的每一个瞬间对整个社会都有益处。

曼恩所争论的观点其实是有理论基础的。他认为,如果大家都能够互相监视,反而能让监视这件不民主的事情变得民主而无害。许多年来,他一直都强调,如果每个人都记录下自己的生活,那么将不再会存在一家独大、无所不知的监控,也就是"自

第四章
记住一切

上而下"的"老大哥"式的监控,与之相对应,每个人都会变成"小老弟"。用作家科利·多克托罗①(Cory Doctorow)的话来说,那将是一种无处不在、永不停止的"自下而上"的监控方式,曼恩称之为向上监控。然而如果他将这个理论付诸实践的话,就会像麦当劳里的冲突传达出的信息那样:任何遭到歧视的小众群体都可以回看事件的完整录像,用完整的真相记录来指控真正犯错的人。

曼恩认为,当所有人都能监视别人时,就没有人会真的去监视别人了。他在一次访谈中说道:"监视将不再是一种有政治色彩的行为,而是变成了一种'中性'的观察。这种变化会自然发生,对所有人都生效。"

曼恩说:"我认为,这种设想跟古代某些国家的情况很像。在古代,领主知道所有臣民的所有事情,所有臣民也都知道领主身上发生的一切。"领主与臣民之间的关系不再是统治关系,因为被控制的人和控制他人的人彼此之间拥有同样的控制权。如果所有人都一直在观察,那么社会就能保持平衡。

先暂时不提他描述的这样一个人人平等的状态很可能走向一个独裁的反乌托邦结局;也不要去想一次强有力的催化事件便能

---

① 美国科幻作家,技术激进主义分子。——译者注

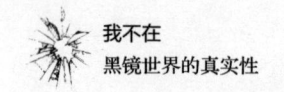

让所有人都迎合这种监控，并将之视为一种正确的方式，向它屈服，向它告密；更不要说这种结局跟蕾西的那个世界有多相似，蕾西就是我们之前提到过的那个受众人评分制度的受害者。

这个半机器人被赶出快餐店的故事还暗含着其他更为深刻的意义。过去的一切都被转化为数据，储存为一份个人经历的档案，而这个档案随时可以被查阅、分析，可以用来随意进行预测和评判。一切都被转化为数字记忆。也就是说，我们再也做不到遗忘了。"过去"这一概念正在消失。

这样的转化太多了。脸书上的直播，油管网上的视频，照片墙（Instagram）上的故事，推特上的推文。到处都是照片，还有出行轨迹、购物记录、喜好和搜索痕迹等。我们的生物数据，聊天记录，还有医疗和信用卡信息，不知道存在多少个数据库中。我们每个人在网络上都留下了很多关于我们过去的信息，现在问题变成了要如何才能避开过去，为现在腾出空间，为未来创造契机。

如果我们成了一堆数字，那一定是因为我们沉浸于数字之中。我们可能看不到那些数字，因为平台将它们隐藏了起来。但我们只需要点击一下，剩下的交给互联网时代里大公司的数据科学家们就好了。对他们来说，那些数字不仅透明，还很好解读。

无法理解那些数字的我们，看见的只有数字的效果：我们的

第四章
记住一切

生活更高效、更舒适了,我们共享的东西更多了,我们越发融入集体,并更多地参与公民生活。或者说,至少数字生活背后的掌控者在广告中是这样向我们暗示的。

我们认为一切都很方便,可触控,唾手可得,不费吹灰之力。但是在背后支撑着干净整洁的页面设计和用户交互界面的是数字。数字和计算决定了我们是谁,我们想要什么,而我们对它们一无所知,但是出于某种原因,我们愿意盲目地相信它们。

因此我们需要数字,而且越发需要它们。我们需要数字来决定我们应该如何生活,以及我们想要如何生活。因此我们让一个应用程序监测我们的生理机能、生活方式以及身体健康。我今天已经走了几步?我的心率怎么样,正常吗?我吃下了多少热量的食物?我跑了多远,速度如何?又消耗了多少热量?跟踪记录一切,就意味着可以掌控一切。健康与否似乎只是一个数字高低的问题。

可穿戴设备记录了这些数字。这些穿戴在手腕或者身体上的微型电脑一直监测着我们,告诉我们身体状态如何。同时它们也会生成其他数字,并影响其他人对我们的评价和打分。这是另一种以数据形式逐渐积累起来的过去。

我们每个人都有无限的记忆。这些过量的信息使我们被淹没在通知、文章、弹窗、定制推送广告之中,并且会永远留在某个

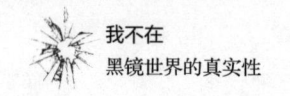

受保护的数据中心，比如诺克斯堡[1]。它们是数据，是记忆在当代的形式。

豪尔赫·路易斯·博尔赫斯（Jorge Luis Borges）如果有机会重写他的《虚构集》（*Ficciones*），让其内容能跟上谷歌眼镜发布的时代，他可能会说，我们所有人都是富内斯[2]。在半机器人曼恩的巴黎事件发生前两个月，山景城X实验室发布了这款增强现实眼镜。

就像这位阿根廷作家的故事中所写的那个无法遗忘的男人一样，我们也感到"眼前的一切是那么纷繁、那么清晰，再遥远、再细小的事都记得那么清晰，简直难以忍受"。由于那一场充满讽刺的不幸事件，可怜的富内斯坠马之后身体瘫痪，他感觉到自己的记忆也与躯体一样动弹不得。他无法不去思考所有与此地此刻有关的东西，他能记住每一个微小的细节。他无法忽视不断发生的事件，无法忘记每毫秒的变化。富内斯感觉自己游离于历史与时间之外，无法转移也无法集中注意力，并永远地被困住了。

对于我们这些每时每刻都被信息冲击着的当代人来说，这

---

[1] 一处美国陆军基地。——译者注
[2] 博尔赫斯短篇小说《博闻强记的富内斯》中的人物，在坠马之后拥有了照相机般过目不忘的能力，可以精确记录每一个细节，却丧失了抽象思维能力。——译者注

第四章
记住一切

是一种熟悉的感觉。媒体学家道格拉斯·鲁什科夫（Douglas Rushkoff）为这种感觉找到了一个完美的表述：我们生活在一个"当下的震惊"之中，生活在一个"所有事情都实时发生"的时代。

有问题就问谷歌，它是这个世界的即时记忆力。问问那些在脸书动态上不断刷新的、自动记录的记忆数据。问问许多会自动记录我们生活的相机，谷歌只是其中一台，这些相机会拍下那些它们认为我们正在经历的难以忘怀的时刻。在智能监控摄像机能观察和解析我们每个行为的时代，它甚至能预测那些我们还未犯下却很可能会犯的错误。

于是我们不得不考虑这样一种可能性，在不断积累的实时记录的影响下，消失的不仅是过去，还有未来。《少数派报告》（Minority Report）讨论过这个话题，这部小说和同名电影都很有名，因为它描绘了"预先犯罪"这个概念，也就是未来某天会发生的犯罪事件。虽然只是理论上的犯罪事件，但是通过推演就可以追踪到这个未来的犯罪事件已经出现的苗头。

然而博尔赫斯的故事传达出来的观点还不止如此。我们就像富内斯那样，感觉每段经历中所能感知到的细节都被过于详尽地描绘出来，同时我们还痴迷于重温这些经历或将它们扔进"回收站"。不重要的事件和时刻通常被扔在一边，然而某一天它们有

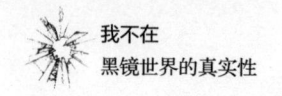

可能会变得很重要，这种事经常会发生。那天晚上的那个女人是否对你撒了谎？我们在这周四或前几年的工作会议中说错过什么话？或者我们一分钟接着一分钟地完整重温在加勒比海度假的美妙一天。富内斯也会这么做。"他曾重温过完整的一天，并且这么做了两三次，"博尔赫斯在文中写道，"他从不犹豫，每次重温都需要整整一天。"

牛津大学学者维克托·迈尔-舍恩伯格[①]（Viktor Mayer-Schöberger）十年前就已经察觉到了我们现在面对的状况。在《删除》[②]一书中他写道：由于数字技术在不断记录我们的生活，人类进入了历史的颠覆期。人类的习惯不再是遗忘，反而是记住，这在人类历史上还是第一次。不过问题是，那些不应该一直能从网上搜索到的东西现在被强行永久保存了下来。为此，许多国家的立法者为数字公民创立了一个名副其实的"遗忘权"。那些没有时效性也没有历史价值，却会一直反复出现在搜索引擎上的东西，如果有人要求它消失，那它就应该能够消失。

我们记录自己，并且也让自己被记录。就像曼恩，我们想要

[①] 牛津大学网络研究院网络监督及管理学教授。——译者注

[②] 舍恩伯格著作，全名为《删除：大数据取舍之道》（*Delete: The Virtue of Forgetting in the Digital Age*），浙江人民出版社2013年1月出版。——译者注

第四章
记住一切

留下自己的痕迹,为的是能将它们复现。我们所有的生活都应该变成录下来的一张照片、一段视频。过去变成了数据的集合,可以计算、分析、操纵,甚至还可以重新计算。

这个结论综合了硅谷思潮中许多不同的要素。其中一种要素是"监控资本主义",意思就是科技类大公司的商业模式完全是建立在记录之上的,他们利用这个模式,将我们的个人数据用于广告销售。

另一种要素是利用我们身体提供的数据集合来提升自我,用于自我优化。这个过程在近几年被称作"自我量化"或量化的自我。如果你知道自己吃下了多少能量的食物,也知道你每天需要多少能量,就更容易做到健康饮食。如果朋友们可以给你的跑步记录"点赞",并且你可以通过量化的数据得知跑步给你的身体带来了多少好处,就会更容易激励你继续跑步,坚持跑下去。如果你生活中经常久坐,智能设备每天发个通知提醒你今天还应该走五百步才能保持健康,这难道能有什么坏处吗?

有一个技术狂想者的派系,他们提倡一种叫"记录生活"的生活方式。派系成员很多是像曼恩和派系先驱那样的人,他们是直播生活的理论家。他们也自然而然地爱上了量化自己:他们记录自己的生活是为了监控自己、管理自己、量化自己。最早几个"生活记录者"之一的戈登·贝尔(Gordon Bell)认为,到2020

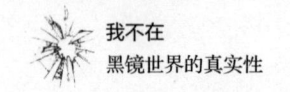

年,所有人都会记录自己的生活。每个人都会有自己的电子记忆(e-memory),用来辅助生物记忆。1934年出生的贝尔在文章中描绘道,他在脖子上戴了一台相机(名为"感官照相机"),这台相机会不断地拍下他生活的每个瞬间。等到所有人都拥有那台相机或类似产品,一场变革就会到来。他预言:"那场变革会改变什么是人类这个概念。"

每个人都会像富内斯和博尔赫斯一样,变成"自己生活的图书管理员"。

在贝尔的代表作《你的生活已上传》(Your Life, Uploaded)中,他进一步想象到,地球上每个个体的生活产生了无穷无尽的信息,在不远的一天,这些信息的集合会向有需要的人提供一个机会,让他可以与一名逝者的虚拟形象交谈。一旦一个复制体整合了上亿条逝者的数据、偏好、行为和想法,它的行为举止就会跟逝者本人一样。

如果我们可以造出这种复制体,我们会把他们当作"朋友"吗?

在《黑镜》的一整季中,它深入讨论了记忆这个话题。这是赛博朋克文化的经典话题,此外,在受赛博朋克启发的反乌托邦科幻作品中,记忆这个话题更加常见。记忆可以移植,让一个"复制体"变得像一个人类(《刀锋战士》);随心所欲地让过去的人复活(《末世纪暴潮》);操纵现实和意识(如果记忆是数据,那么就有办法入侵它们)。

然而,在剧中讨论的记忆不是半机器人的记忆,而是我们人类的记忆。《黑镜》中有这样一个问题:当记忆变得可以通过一台机器观察时,还有什么是属于人类的呢?如果未来某一天我们可以将记录在大脑里的东西可视化,就像储存在电脑或一个社交网站数据库里的视频文件一样,我们会变得不一样吗?很难想象出这样的改变会有多大:身份认同,团结友爱,我们与权威的关系,以及我们与道德规则的关系。

记忆可以实时展示出来,但是也可以强行提取出来。谁知道我们会不会接受这样的事呢:司法机构为了追踪罪犯,强行可视化一个嫌疑人的记忆,这将成为可用的审讯手段。到了那天,一个警察将能够读取我们的思想,就像翻看旅行录像那样,翻找我们过去的记忆。他也许只需要申请调用脸书或类似产品的数据,就能读取我们的思想。因为马克·扎克伯格已经宣布,在著名的"8号楼"[①]项目中,他的创新团队正在研究一个方法,使人们仅用思想就能在社交网络上分享内容。

没错,脸书想要读取我们的思想。并且脸书保证,这不会成

---

① 脸书的硬件开发项目,其内容包括摄像头、增强现实、飞行设备及大脑扫描技术。——译者注

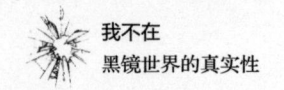

为一种对人类的暴力行为，因为这种设备的触手只能抓到大脑某区域中已定型的思想，抓取我们已经决定要说出来的东西。

这可怕吗？当然。

因为它带来的后果是，人们每一段过去的经历、每一个想法，甚至是还没表达出来的想法，都可以被用作指控拥有这些记忆和想法的人。我们生活的每一个瞬间最终都被分析、被提取、被利用，随时都能用来证明在某件事上我们是有罪还是清白。很明显，这是一条通往暴行的路。

《黑镜》用不同的方式呈现了这条道路。比如，它讲述了一个故事，这个故事围绕一场平平无奇的交通事故的目击证人展开。一辆自动驾驶的汽车撞倒了一个行人，保险公司要判断过失方是谁。随着这一集的情节展开，原本只是为了估算连锁餐厅可能要承担多少赔偿责任的简单讯问，很快变成了一场混乱的凶杀调查。由于出现了一种叫作"取证器"（Recaller）的高端技术，人们脑海中的记忆可以被可视化，而这段记忆缓慢又准确地拍到了主人公。

那集的主人公是米娅，《鳄鱼》这一集围绕她展开。当酒店前面发生交通事故的时候，她正站在酒店窗户前。她是理赔员萨佳需要的目击证人。萨佳肯定没想到，伴随那段记忆，还会有其他记忆浮现——有关罗伯死亡的记忆。这段记忆一直折磨着米

第四章
记住一切

娅，让她感到罪孽深重。那是十五年前的一个夜晚，她喝多了，开车撞倒了一个骑自行车的人，导致他死亡。不能让这段记忆被坦白，最好是清除它。并且现在萨佳也知道了，最好她也能清除这段记忆。

"取证器"会引发麻烦的问题：如果一个类似的设备真的存在，大家能接受它侵入一个公民的大脑吗，即使这种入侵是为了正义服务？我们的社会能允许它的存在吗，会强烈要求使用它吗？而且这种办法真的是寻找真相的更好方法吗？

而在另一集《你的全部历史》当中，就像生活记录者们希望的那样，记忆变成了跟每个人的人生等长的影像资料。人们生活中的每段经历会被自动录下来，并且可以在任何时候回放。这集也借助了一个幻想出来的小装置，它叫"晶粒"，是一个神经装置，可将人的眼睛变成一台高清摄像机。它就像博尔赫斯笔下的富内斯所拥有的能力，可以向任何人展示他自己无穷回忆里的内容。

不出所料，这个发明改变了一切，改变了人们之间的关系以及人们与自己的关系。晚饭后，人们在家中回看、分析和讨论那一天中所有不顺的事情。

还有很多类似的事情会发生。过去总是可以调取，这让过去呈现出噩梦般的模样。一段不会消逝的过去就是人间地狱，并且

我不在
黑镜世界的真实性

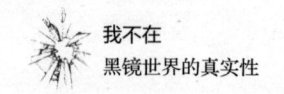

《黑镜》中说,未来我们会用一种厌倦而漠不关心的态度去管理我们过去的记忆,就像如今我们在脸书上对待我们的隐私的态度一样。我们对理应担忧的隐私问题几乎感到厌烦,不怎么去保护隐私,而且保护得也不好。

谁还会对我们的记忆感兴趣呢?谁会想记录我们的想法呢?谁会想着用记忆来对付我们,对我们不利呢?

现在,为了让每一种对我们网络活动的监控合理合法,我们经常会听到这些问题。未来的状况可能还是这样,只不过不是为了监控搜索引擎的历史记录,而是为了直接监控我们的记忆。

这会是我们犯下的最严重的错误。因为一个不会忘却过去的社会,是一个没有宽恕的社会。在这样的社会里,只要倒带即可回放,失败和痛苦总是鲜活的,随时可以复现。《黑镜》通过创造利亚姆这个人物描述了这一景象。他是一位年轻律师,怀疑妻子在前一段情感关系的问题上对他说了谎,或者更糟糕的情况是,女儿乔迪的生父也不是他。于是,就像讨厌失败的男人经常会做的那样,他开始无休止地寻找蛛丝马迹,了解事情的起因和解释。

如果在过去,他会通过给她的朋友们打电话去寻找证据;如果在现在,他会一头钻进照片墙和脸书账号上,根据她的性格进行推导。如果在未来,手段还会更简单:只要有神经装置晶粒,

第四章
记住一切

他就能排查记忆，寻找背叛的证据。事情实际上也是这样发展的，因为他细致入微地检查了表情、手势、话语和记忆，然后满意地找到了问题的答案。

他达到了目的，也确定他不是女儿的生父，直到这时，利亚姆才和观众一起发现了更深刻的真相：一个只有数字化记忆的世界是一座监牢，在这里，每一段不愉快的记忆，从一场葬礼到一段结束的爱情，再到一次职场失意，都会一直跟随着我们，而且带着一种无法抵抗的顽固，挥之不去。人会一次又一次想起那些回忆，每次重温回忆都能揭露回忆中更多的细节，看到的细节越来越多：在记忆的背景中，她的朋友穿着什么颜色的衣服；她离开家之前皮肤有什么气味；她穿衣服的时候笑得有多开心，又为什么笑；为什么她后来脸色铁青，有什么东西你还没有明白？

这是一种刑罚，每天都以不同的理由领着我们重温同一个噩梦。

就像富内斯感觉到的一样，在记忆能够用技术复制的时代，"记忆除了细节别无所有，几乎是与现实完全一样的细节"。我们可以极其精确而细致地翻遍记忆的每一个角落，这也给我们强加了痛苦和欢愉。但是这个行为并不会赋予我们生活的意义，相反，它剥夺了生活的意义。

"别忘了，富内斯几乎无法进行一般的抽象思维。"博尔赫

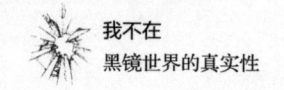

斯写道。对于一个只能拥有回忆的人来说，细节太多太广，多到无法抛开它们看到整体的景象。他写到，就算是"狗"，这个字对可怜的富内斯来说也已经过于复杂了：各种各样不同的狗要如何才能汇聚成一个词？他想到，有那么多不同形态的狗，看狗的角度也那么不一样。同一只狗从侧面和正面看，对他来说甚至像是两只不一样的狗。

《黑镜》中的利亚姆让妻子陷入困境的时候，其实也困住了自己。对于一个男人来说，他知道得太多了。他和尼采一样，和电影《美丽心灵的永恒阳光》（Eternal Sunshine of the Spotless Mind）中讲的道理一样，他可能会想这么说："健忘的人很幸运，因为他们还能战胜自己犯下的错误。"但是很显然，在利亚姆的世界中，他已经无法移除他的记忆了，失败的过去不会按照他的意愿消失。而如果什么记忆都无法被消除，救赎也就无从谈起。

这一切都始于他犯下的最严重、最致命的错误：他放任自己被技术支配。这个芯片给了利亚姆机会去解决自己对背叛细节的执念，而代价是他要为记忆发疯，并且他误以为为了找到证据，不管做什么都值得。这才是他真正的失败之处。他不是败在无法承受道德和情感的重负，而是败在无法对抗使用机器的意愿。

因此，在最后一幕中，他从大脑中拔出了晶粒，即使这意味

第四章
记住一切

着他很可能会失明,并影响他的智力。然而,无法忘却记忆的他已经变得"又蠢又瞎"了。

《黑镜》后面还有第三个关于记忆的单集。这集讲述了玛莎的故事,这位年轻女士在一场交通事故中过早地失去了她的伴侣阿什。

毫无疑问,她承受了难以言喻的痛苦。过了一段时间,她依然很痛苦,一直很痛苦。直到有一天,她的朋友莎拉提议她去找某家公司,这家公司发明了生活记录者贝尔畅想过的那个东西:一个能够复制逝者的人工智能软件。靠那个软件,玛莎可以和逝者聊天!不仅如此,她或许还能和一个和阿什一模一样的声音通电话。

然后,还会有一天,她有希望见到一个有血有肉的阿什复制体。只要她说出一个词"同意",只要她同意把阿什转移到线上,放到云盘上,阿什就再也不会离开她了。

玛莎自然也有不少疑虑,但她最终决定说出那个词。是的,她开始使用这个程序了。她小心翼翼地输入数据,按照使用说明操作之后,她期待的事情却没有发生。

终于有一天,一个通知亮了起来,阿什的复制体就像某种数字神灯里冒出来的神明一样,以联系人的形式出现在了屏幕上。现在玛莎可以给他写信,把他当笔友,频繁发邮件来往。

101

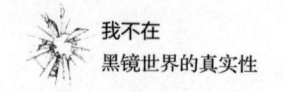

莎拉承诺过，那个人工智能"会像阿什一样回复你"。而它也确实做到了。

"这是一个软件，它会模仿一个人。告诉它任何一个人的名字，程序就会追踪这个人在网上说过的一切：脸书上的帖子、推特上的推文，以及一切公开的内容。"莎拉说，"我只需要输入阿什的名字，其余的由系统来完成。"

很快，通过学习，系统模仿的阿什真的越来越像了。"如果你想的话，可以授权它访问阿什的私人邮件。它能用的数据越多，就会越像阿什。"莎拉向玛莎建议。

电子邮件变成了实时聊天。"我怀孕了。"有一天，玛莎克服着担忧和反胃给它写信。阿什成长着，变成了一个活着的记忆，它的细节越来越丰满。模仿阿什的算法在过去视频的基础上系统合成了他的声音，并惟妙惟肖地将声音再现。玛莎终于可以和它通电话了。那个声音正是阿什的声音，并且它说的话也正是阿什会说的。

最后，程序从记忆进化为克隆人，一个有着阿什外貌的活体人偶出现在玛莎家。他外表长得与阿什一模一样，并尽可能地模仿着他的行为举止。

玛莎将他留下了，并且有那么一段时间，他的出现似乎起了作用。多亏了数据，玛莎重新获得了她失去的爱情。然后，事情

第四章
记住一切

不可避免地出了问题。算法无法还原的东西随着时间不断涌现出来，玛莎开始认识到这个兼具数字灵魂和肉体躯壳的阿什克隆体的缺陷。他睡觉时呼吸的方式，吵架后被赶下床时为自己辩驳的方式等，都和真正的阿什不同。他执意要说"好的"，并且因为懒惰而同意玛莎跟他说的任何事情。

他缺少某个东西，这个东西不是记忆。他缺少的是预料之外的东西，缺少爱情中的狂喜，缺少将痛苦化为微笑的微妙感情。

直到有一天，玛莎爆发了。"你还不够像他，你什么都不是。"她指责他。虚假的面具落下了，她终于意识到阿什留下的只有一堆数字，但这些数字无法还原出一个真正的阿什。

后来，玛莎将阿什复制体赶出自己生活，像丢弃一个损坏的玩具一样，将他抛弃在房子的角落里，这时，玛莎发觉她无法通过忘掉他的存在让自己解脱。面对着这个复制体，玛莎终于睁开了眼睛，她明白了，如果她真的想纪念她与阿什的爱情回忆，她就必须接受已经失去阿什的事实。作为一个女人和妻子，要想真正记住他，她就必须学会忘记他。她很幸运，至少她还能通过选择忘记，战胜她犯下的错误。

第五章
欺　骗

我不在
黑镜世界的真实性

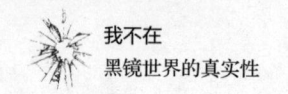

我们对于欺骗有多习以为常？我们有多么习惯于把虚假当作真实，把幻想视为现实？在电影和电视剧中，人们用计算机特效创造出了怪物，摧毁城市；让机器人和宇宙飞船动起来；将逝去的演员复活，并让他们再次登台表演。照片墙的滤镜能放大我们的眼睛，或是给我们戴上动画片里一样的兔耳朵。名人包括网络名人，为了让他们看上去更年轻或者更苗条，也会抹去照片中皮肤或者脸部的瑕疵或进行瘦脸瘦身。

还有电子游戏的主角，从人工智能题材的互动电影游戏《底特律：化身为人》（*Detroit: Become Human*）中苍白皮肤的康纳到《战神》（*God Of War*）里面外表威武的奎托斯，看上去都栩栩如生。他们是机器人还是神？他们是狩猎幻想生物的猎魔人，还是偶然成了主人公？这些角色迫使我们愈发相信他们真实存在。他们会呼吸，胡子和头发能长长，身上会留下伤疤，还拥有能保存记忆的心智，甚至会随着经历过的事件不断积累经验而成长。他们是虚构的，但又是真实的。然而，我们也正在习惯另一种相反形式的谎言：事物是真实的，但又是虚构的。

电视广告中的一家人总是面带微笑，在阳光下共进午餐，菜肴精美，摆盘对称，在恰到好处的光线下展示给观众。广告甚至

第五章
欺骗

会用慢镜头来展现菜肴的完美,热情但缺乏感染力的声音会让人感觉这是在用现代风格描写但丁的作品。然而,这已经成为一种常态:被电视广告洗脑了几十年后,我们觉得广告就该这样。

《辛普森一家》讽刺了消费主义文明的歇斯底里和痴迷,荷马和其他角色引起的那些笑声让我们幡然醒悟,这样描绘出的世界已经变得有多么易于被大家接受,又有多么流行。人们还可以隐约感觉到一些更险恶的东西:随着时间的推移,虚假的市场营销已经渗透我们的生活。

我清楚地记得我意识到这一点的那个瞬间。我当时是经济系大三的学生,我正在上市场营销课程的第一节课,教授站在讲台上,正在讲解市场营销的本质和深意。他看上去厌倦了讲课,声音像电脑合成的一样,就像那种会在每一个夜晚欢迎主人下班回家的智能语音助理。

但是,我永远不会忘记他对营销的定义。

"营销就是要给人们创造不必要的需求。"他说。要找准人们的弱点发起攻势,给人们灌输人为的欲望。冲动和渴望会把他们和我们这些销售人员捆绑在一起,让我们进入一段既感性又上瘾的关系,就像陷入病态的爱情。

我想要更多,我想要感觉更糟糕。

我那时十分气愤。我无法相信,竟然会存在这样一门学科,

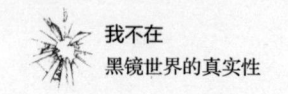

整个学科几乎都没有在哲学上得到发展,而是演变成一门非常具体的科学,专门用来让芸芸众生不幸福。大众被划分成不同群体,分别制作出用户画像,人们变成了特征和偏好的集合体,又被某种矩阵分类。然后他们被推广信息轰炸,为的只是让他们产生空虚感,而这个空洞恰恰能被我们的产品填满,而且只能被我们的产品填满。

社交媒体做的事情与市场营销并没有太大区别,它们会根据每个用户的需求量身定制广告,并根据每份个人资料中的信息进行调整。只不过,社交媒体在市场营销方面做得更好。因此谷歌和脸书正在吞食其他领域的广告收入:它们比其他任何公司都更擅长在用户身上制造不必要的需求,而且是为每个人定制。用户可能会感觉这就是为我服务,为了满足我的需求。我甚至都没有怀疑过我是否实际有这些需求,但它们确确实实是我的需求,正是这些需求印证了我身份和偏好,能让我说出"我喜欢"。

让我们屈服于不必要消费欲望的罪魁祸首并不是算法。但算法也是帮凶,它让我们沉浸在好像那条道路能通向幸福的错觉中。

互联网的思想史可以用一句话来概括:在很长一段时间内,本该是乌托邦的历史变成了反乌托邦的故事。数字革命本应带来平等、民主、公民参与、福利、宽容,但它给我们带来的却是铺

第五章
欺 骗

天盖地的假新闻、政治宣传、审查、监视、暴力、仇恨、歧视和骚扰。

正是由于这种如此仓促、不完整，却极为流行的思想，我们现在能做的只有谈论假新闻，数字传播策略，那些会发出大量侮辱或错误信息的僵尸账号，窃取劲爆信息来操纵选举的黑客，以及数字化对人类普遍产生的压迫感。

如果网络是充满欺骗的地方，那么真相肯定在网络之外。这就是为什么虽然我们总是在线，却往往更想要断开网络连接，寻找一个躲开智能手机的庇护所，比如一个没有无线网络的酒吧，或是一个静音车厢，随便找个借口，以此拥有放下手机的权利。

我们之所以一直在寻找真实的感觉，是因为我们一直沉浸在不真实的事物之中：色拉布（Snapchat）上的精彩照片，脸书上自我宣传的帖文，领英上最近的职业生涯进展。这一切往往都脱离了这些高光时刻背后的情境、语气和真实关系网。

我不是说所有的都是假的，而是要强调，因为当代媒体生态系统对现实进行操控的手段愈发精妙，现在真相和谎言不仅在认知层面共存，还能直接在感知层面共存。正是我们亲眼看见的东西，甚至是之前我们听闻的消息，让我们越来越分不清真假。

只要我们的感官在工作，我们拥有的就全是幻觉，全是幻象。重点在于他们编造的内容质量非常高，可以说是完美骗局。

109

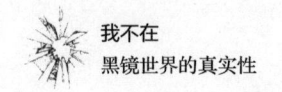

我们就像《银翼杀手2049》中瑞恩·高斯林饰演的复制人K一样，他爱上了一个无法触碰的全息影像，一个曼妙却无法触及的伴侣。为了触碰她，他随便给了她一具身体。一个有血肉之躯的身体与一个算法结合起来，最终她们因技术而融为一体，但这只是一种错觉。

我们也活在那种感知的混沌中：我们看到的东西亦真亦假，我们与真假事物共存，就像那两个融为一体的女人，而我们抱着她们时，却不知道我们亲吻的是全息影像还是人类肉体。

曾几何时，造假需要复杂的技艺。为了编造一个讲述火星入侵地球史的广播剧，年轻的奥森·威尔斯（Orson Welles）在1938年10月给哥伦比亚广播公司的全体工作人员造成了巨大的麻烦，那时哥伦比亚广播公司本来只是在播放他们的经典故事《世界战争》。

据说，这个虚构故事十分精妙，骗到了数百万美国人，并让他们陷入恐慌，相信自己正面临一个敌对的外星文明。斯莱特在还原这个事件时解释说："那其实不过是媒体编造出来的新闻，民众并没有出现真正的恐慌。"真实发生的情况是，《纽约时报》第二天在头版头条写着："听众误把战争剧当作事实而陷入恐慌。"但那是当时报刊界很常见的一种诋毁广播媒体的方式，而广播媒体至高无上的地位也正是被这种方式破坏。

第五章
欺骗

如今，关于假新闻的争论也是如此。假新闻是一个真实存在的虚假信息产业，他们为了在社交媒体上进行病毒式传播而精心构建出这样的谎言。再加上社交媒体上的新闻本身也有夸大其词的恶习，虽然数字平台这种新的传播形式更高效，但这样一来它传播的信息便不再可靠了。

但真与假之间确实存在本质区别。如今造假又变得简单了许多。除了广播剧，捏造一段文字、一段讲话，甚至一个视频也很容易。2018年，只要有专业团队参与，再给他们足够的资金，我们就可以看到极其真实的外星人入侵地球的直播画面，以及许多世界大型机构的视频回应声明。即便它们从未发表过这样的声明，你也很难辨别这些声明的真实性。至于那些声明，其实任何一个业余爱好者都能用工具做出来。成本接近于零，瞬间或是几乎瞬间就能完成，而且还能骗到人，至少能达到和威尔斯亲切的声音一样的效果。而且，谁也不清楚他们这么做是想要达到什么样的效果。

这些虽然只是设想出来的场景，却很接近现实。因为这样完全编造出来的假新闻只是一个开始。现在的问题是，一个帖子或一个表情包加上一条假新闻在脸书上会被分享成千上万次。第二天人们可能就会看到特朗普宣布第三次世界大战爆发的录像，假录像可能是利用真实的录像伪造的，而实际上特朗普从未宣布过

111

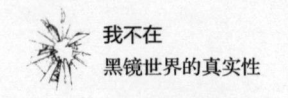

这样的事情。

假新闻或者会是一封邮件，用你妻子出轨的视频来敲诈你，尽管她从来没有背叛你。又或者会是一通电话，伪装你儿子跟你说他生了重病，然而他甚至没给你打过电话。这些事情不需要真的发生过，因为这些东西都是在电脑上捏造出来的。

现在，人脸和声音都已经可以完美地通过数字技术复制，因此可以随意修改。现在，制造骗局的方法数不胜数，而且难度越来越低，或许有一天，只需单击一下就能做到，造假技术大家都能使用，而成本大家也都能负担。

为了帮助各位读者真正理解这个现状，我必须提到我十分热爱的作品——《星球大战》。在过去的40年里，这个传奇作品不断革新使用的特效技术。用齐泽克的话说，它是影响了我们现实世界的幻想作品。

我看了《星球大战外传：侠盗一号》，这个故事讲述了义军同盟如何得到了第一颗死星的蓝图，并让卢克使用原力并炸毁了死星的故事，这段内容出自系列电影中最著名的第四部《星球大战：新希望》。

我思考过，在众多的例子中，哪一个最能够恰当地说清楚，当下技术制造出的虚构世界已经能够以假乱真到什么地步。然后，我在电影院第一次看到大魔王塔金再现银幕的那一天的场景

第五章
欺骗

一直反复出现在我的脑海里，塔金就是那个负责管理星球武器的邪恶帝国高层。

我知道饰演塔金的演员彼得·库欣在1994年就已经去世了，然而他现在出现在我的眼前，并且正在说着我从未听他说过的台词。我那时已经看过其他被数字复活的演员参演的作品：在拍摄《速度与激情7》时去世的保罗·沃克；或是奥黛丽·赫本，虽然她已在1993年去世，但20年后，她仍旧以青春靓丽的形象出现在一个巧克力品牌的广告中。

但塔金似乎真的是活的，他的脸和以前的电影里一模一样，是用20台高精度摄像机和10000个传感器，数字映射了另一个演员的表演而重构出来的。他还是老样子，看起来是个行动不便的老人。只不过，如果你仔细看，他脸上的一些部位似乎做不出表情动作。他的目光和举止之间，像是有一段距离，一段虚空。而他虽然存在于此，却完全没有人类的特质。

然而，这样的他可能已经足以骗过大多数观众。比如，"我母亲在整部电影中都没有注意到这一点。"一位参与复制塔金的技术人员告诉记者，"她反而说作为一个到了这样年纪的老人，他看上去过得真的很好。"

库欣的私人秘书乔伊斯·布劳顿对此感慨万千，表示《星球大战》团队所做的工作简直太棒了。

113

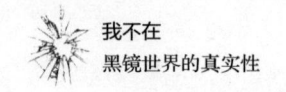

这有什么令人非常不安的吗？人们可以反驳说没有。好莱坞大片之所以是好莱坞大片，正是因为它们具有不可复制的特效。在这样的特效里面，虚构事物的任意细节看上去都很真实。然而这并不是个好问题，因为问题的关键在于，不仅仅只有好莱坞电影公司有操纵现实的能力，而是现在我们所有人都拥有操纵现实的能力。

任何人只要投入一点时间、精力和耐心就能复活塔金。他们还能做到更多事情：让塔金用他自己的声音、他自己的动作，对任何人说任何话，他说话时抬头的方式或尴尬时眨眼的方式也和他本人一模一样。

油管网上的一个视频便是证明，它比较了著名电影特效制作公司工业光魔的技术人员和一个普通用户用业余工具做出来的效果，二者都利用数字手段重现了年轻的莱娅公主，让她在《星球大战外传：侠盗一号》的几个场景中出镜。如果清晰度足够低，人们只需要一台家用电脑，配上一块不错的显卡，再加上对编程的粗浅了解，就能取得差不多的效果。

虚构变得全民化。

这种逼真的虚拟技术可以实时成像，上手轻松，还向广大用户免费开放。几十年来，他们已经习惯了那些模糊了真相和谎言边界，并能够以假乱真的广告和特效。

第五章
欺骗

这项技术永远不会出问题吗？

要想做到不彻底屈服于技术的谎言，人们还可以抓住剩下的最后一个机会。它叫"恐怖谷"（Uncanny Valley）效应，这是机器人教授森政弘在1970年提出的一个假说，它可以用来解释当我们遇见非人类的人形造物时，比如当我们遇见机器人或者演员的数字复制体时会发生的事情。

根据森政弘的观点，一开始我们会对与我们相似的事物产生同理心，但这种同理心也有上限，上限产生的原因在于，复制体虽然与本体非常相似，但仍然缺少某些东西。当人造人与真实人类非常相似，但我们还能看出他们并非真人的时候，我们就会对它们产生排斥反应。我们的大脑期待着完全属于人类的反应，而且会预测并等待着属于人类的反应出现。如果这些反应没有出现，我们就会产生负面情绪，感觉自己被欺骗了。

这就是我们在看到塔金和莱娅时，浮上心头的那种不安感。但在大获成功的《暮光之城》改编电影中，一个著名的场景也同样让人感到了不安。在第一部《破晓》中，导演比尔·康顿发现自己不得不处理一个经典的恐怖谷问题，他面临现实中的熟悉感被某种陌生而神秘的感觉所破坏的问题。他必须要创作出两个主角贝拉和爱德华的爱情结晶，半吸血鬼半人类的婴儿蕾妮斯梅。而康顿遇到的问题是，蕾妮斯梅必须拥有吸血鬼一样不可思议的

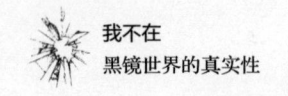

美貌，却又像人类那样不完美。

结果是"一塌糊涂"，康顿自己后来也承认："我们根本找不到办法。"那个小家伙需要看上去既真实又不真实；她的目光本应使人满怀柔情，却引人厌恶；还有她放在贝拉脸颊上的小手，看似是某种带有恶意的举动，而不只是单纯地抚摸。

当然，这个问题或许是能解决的，只要特效技术足够成熟。但还有一个更深层次的问题：如果森政弘的理论是对的，那么我们的情感就是要让我们拒绝与人相似的那些东西，但又不是完全拒绝。

这样很好。认识到真实人类本体与数字复制体之间的差距，认识到人类与类人之间无法消除的差异，这有助于我们有效分辨真假，区分现实与谎言，将二者间的区别扩大到足以让我们产生怀疑的程度。

如今，为了制作出自己的逼真复制体，有数百名好莱坞演员进行了必要的技术数据采集，这样这些复制体随时都能出现在银幕上，甚至在遥远的未来可以表演任何情节和台词。毫不意外，人们开始就如何制定一项在演员死后也能永久使用其形象的新权利展开了热议，甚至细化到了如何在合同层面落实这项权利。

这种方式能给演员还在世的亲人留下更多遗产，同时也能避免演员形象被滥用的可能。比如，如果某位女演员一直拒绝

第五章 欺骗

出演激情戏,而当她的形象以虚拟的身体和面孔被重塑出来后,她出现在了一场激情戏的画面中,而且是在她死后,这样的做法合法吗?

这个问题并非毫无根据的凭空想象。把色情明星的脸换成苏菲·特纳或卡莉·库科这样的名人的脸,这种做法已经常见到有一个专门的名称——"深度伪造"(Deep Fakes)。当色情女明星发出声音时,跟她一同发出声音的还有那个名人的脸,包括她的外形、动作、特征……算法分析了一切,算法复制了一切,以最逼真的虚构形象,为观众献上最强烈的愉悦体验。

当然,当事明星并不知情。

这些色情视频被主流网络平台删除了,因为它们在没有获得形象主体许可的情况下深度伪造出了可以以假乱真的对方形象。不过正是通过这样的方式,深度伪造的视频向大众传递出了"技术现在已经可以实现实时影像处理"的信息。同样,这也用不到卢卡斯影业或20世纪福克斯这样级别的资源,这些视频的来源主要是社交新闻站点Reddit上的一位用户,他花了一些钱并在这种邪门歪道上不懈努力,用深度造假的方式制作出了这些被篡改过的色情片。

这样的影片数量还不多,并且目前来看,它的还原度还不够高。然而,研究人员通过类似但更为精细的技术实时篡改了特朗

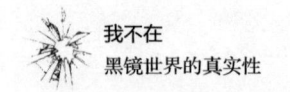

普和普京的音频和视频，通过技术手段让他们的虚拟形象说出他们从未说过的话。这个篡改的操作引发了许多关于道德问题的思考。如果在一个短片中，某位国家元首突然变得好战，这个短片还在WhatsApp上被疯狂转发，就像如今导致一些国家发生真实屠杀的假新闻那样，煽动着种族和民族仇恨，在当今这个如此不信任传统机构和媒体的社会，我们能对这样的短片产生抗体吗？

森政弘的理论开启了令人不安的局面。因为当虚构还不完美的时候，无论这种不完美多么不易察觉，我们的反应都会是疏离和怀疑。然而，当它进一步自我完善，吸引力就占了上风。恐怖谷效应产生的不适感为我们留出了空间，让我们可以区别人类与非人，辨认出人与人交往中自然的感觉。这空间里有体谅、温柔、情感，但在需要的时候，也有仇恨、残忍、冷漠。

今天，我们试图将非人的东西人格化，因为我们希望它们未来能像人类同胞一样对机器人和虚拟助理产生共鸣；因为我们想要让它们更容易被接受、更正常。我们希望它们更加贴近日常，因为我们想要一个更令人信服的配音，想让它的口型能对应每一种语言的字词；或者正如之前所说，是为了我们能永远欣赏到一位伟大演员的新表演，永远。

但是，在未来，一些人可能会利用数字欺骗的技术实现相反的目的：把本来是人类的东西非人化。即使现实中站在我们面前的是人类，这样的技术仍能让我们从视觉、触觉、嗅觉、听觉的感知上都将其当作怪物。

这就是当我们摆脱了恐怖谷后，事情的阴暗一面。

那就是《黑镜》讲述的故事。

"瞄准镜里是个黑人的时候，更容易扣下扳机。"心理学家阿奎特对士兵斯垂普说。他们正处在一间牢房里。士兵感到很困扰，他产生了一种可怕的怀疑，而他现在已经可以肯定这种怀疑是实实在在的。也许军队教他要毫不留情干掉的敌人并不是他曾以为的那种敌人。受十年前结束的全球大战影响（尽管这场战争从未真正结束），世界上出现了一种叫"寄生虫"的怪物。士兵们仍旧在跟"寄生虫"作战，但也许他的敌人并不是"寄生虫"。

也许他们跟他完全一样，都是人类。

斯垂普很迷茫，他的信念破碎，处于疯狂边缘。他杀的那些人看上去不是人类。他们有锋利的牙齿，玻璃般的眼睛，野兽般的面孔。在他看来，与其说他们是人，不如说是僵尸。

不可能，他不会搞错的。他的大脑中植入了一个系统——马斯，这个系统让他成为一个"增强"士兵。他可以看到无人机侦查时发现的东西，可以在视野中获取目标信息，瞄得更准，并浏览他正要突入的房子的全息地图。

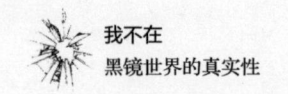

他随时都能查到每一条信息，每一种感官都极端灵敏。他不可能搞错的，因为马斯帮他看到了更多的信息。

有一天，在农场进行侦察时，他与一只"寄生虫"发生了肢体冲突。那不是人类，不可能是。他发出的吼声不是人的声带能发出来的。斯垂普将他击倒在地，然后杀死了他。

尸体旁边有一个奇怪的装置，顶端有三盏绿灯。斯垂普很好奇。他看着那个沾有血污的装置，然后装置发出了一道射线，对他造成了奇怪的干扰，就像一个干扰频率入侵了大脑。从此，他时不时就会突然产生轻微的头痛。有一天在射击场上，马斯的辅助瞄准出了一点小问题，这很奇怪。

斯垂普决定做一些检查，他因此认识了心理学家阿奎特。在告诉阿奎特那个意外的时候，斯垂普第一次提到了被杀死的"寄生虫"，称它为"他"，而不像其他人一样，像称呼动物那样，称之为"它"。

阿奎特做着笔记，并点了点头。一切都会好的，他保证道。他通过马斯的梦境调节功能，将斯垂普引入一场曼妙的春梦，这样斯垂普能休息一会，然后阿奎特打发他走了。

然而，在下一次任务中，问题并没有消失，反而变得更糟。斯垂普在探索一个被怪物劫掠过的房子时发现了一个女人，她拿着棒球棍，惊恐不安，泪如雨下。他向她保证："我不会伤害你

第五章
欺骗

的。"但他的一个战友立刻杀死了她。

斯垂普开始意识到,现实比他所看到的更复杂。更重要的是,他意识到自己所经历的并不是现实,而是军队创造的幻象,这是为了让士兵们放下所有顾虑和犹豫。"寄生虫"不是怪物,而是男人、女人和孩子们。

第二次在牢房见面的时候,阿奎特终于卸下了面具。马斯其实是一个强大的控制系统,能控制士兵的意识和行为。它能够防止士兵闻到血腥味,防止他听见受害者的哭声、他们的哀求,甚至是骨头的断裂声。它的作用是让他们投入一场围猎般的战斗,把人类当作猎物。

斯垂普动摇了,但他已经明白:自己不是普通的士兵,而是一个计划中的刽子手,旨在对付那些被判定为不适合存在的人类,这些人在未来的社会中没有生存空间。

"你是在保护血统,"心理学家阿奎特告诉他,"你应该感到骄傲。"马斯的作用只是提高战斗的效率,最大限度地减少士兵们的情感创伤,同时也让他们放弃了人类该有的怜悯。

斯垂普崩溃了,被他最坚信不疑的事实压垮了。

然而如果他的状态再也好不起来,斯垂普就不得不接受各种惩罚。由于感官完全由设备控制,按下一个按键就足以让他失明;再一个按键,他会在这里被迫重温之前所有的任务,只

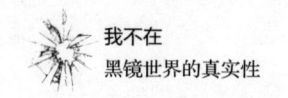

不过他看到的会是真实的现实：被杀死的不是"寄生虫"，而是无辜的人类。

这是以同情心为刑具的酷刑。

斯垂普只有一条出路：忘记一切，让军队抹去他的记忆，然后回到过去无知的状态。他还活着，但活在那些增强现实技术编织出的梦境中。你看，你的房子很漂亮，还有你的爱人在里面等你。又或者说，至少你是这样认为的。因为你看到的便是如此。

在《战火英雄》[①]这一集中，布鲁克讲述了斯垂普先是重新认识现实，而后又再次失去真相的故事，用这种方式对我们这些当代人发出了多重警示。

首先，增强现实技术让数百万用户只需一部简单的智能手机，就能在学校或大街上捕捉神奇宝贝；在光秃秃的桌子上用虚拟角色进行游戏；或是就在此时此地，在自家的花园里清晰地欣赏到数千万年前就已经消失了的恐龙。然而这种技术远没有看上去那么无害。

将数字内容和虚拟体验叠加在类似的真实体验之上的增强现实技术不仅仅是一个游戏。这种技术也是一种迷惑、隐藏、欺骗的手段。比起观看一个离世演员的完整数字复制体表演，这种欺

---

① 《黑镜》第三季第五集。——译者注

第五章
欺骗

骗手段更狡猾,因为它直接干预了我们的感知空间,改变了我们的体验。

这就是斯洛文尼亚哲学家齐泽克在他的《意识形态的崇高客体》(*The Sublime Object of Ideology*)中精彩诠释过的原理,其中有一段解析约翰·卡彭特(John Carpenter)的电影《极度空间》(*They Live*)的内容。在这部1988年的电影中,主人公约翰·纳达在一座废弃的教堂里发现了一副太阳镜,这副太阳镜有一种特殊功能,戴上就能生效。齐泽克说:"这副眼镜让我们能够观察到隐藏在所有宣传、广告和海报背后的真实意图。"洛杉矶到处是这些东西。"去加勒比海度假"实际上是在说"结婚,繁衍";一台新电脑的广告实际是一句简单的命令:"服从吧。"到处都是命令:"保持睡眠。""不要思考。""屈服吧。"

简而言之,眼镜给我们展现出了支配着我们愿望的意识形态结构。眼镜揭露了构成我们现实世界的虚构之物。《黑镜》中士兵斯垂普使用的增强现实系统马斯的作用也是一样的,只是方向相反:它不是通过削减现实中的元素来揭示它们的真实意义,而是添加元素来隐藏真实意义。

马斯与齐泽克描述的纳达的眼镜不同,它的工作不是要批判意识形态,反而是为意识形态服务。只是因为被那个恶毒装置欺骗了,士兵们才想要消灭寄生虫,并以此为乐;只是因为那个技

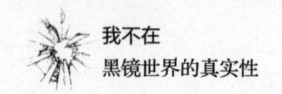

术的谎言，那些正在进行某种战争计划的人才会相信，他们实际上是在净化这个世界，使之远离疾病和缺憾，并拯救这个世界。

如果士兵的感知中，"寄生虫"不再是怪物，而是正常的男男女女，他们会很难扣下扳机。在这一点上，布鲁克的灵感来源于科学。在与斯垂普的牢房谈话中，心理学家阿奎特在解释人类不喜欢杀死其他人类时，声称在第一次世界大战期间，即使在收到明确命令的情况下，也只有15%~20%的士兵开火。《黑镜》的创作者引用的是塞缪尔·莱曼·阿特伍德·马歇尔（Samuel Lyman Atwood Marshall）的研究。他的这项研究的书名是什么呢？正是《战火英雄》[①]。

不仅如此，在那些鼓起勇气开枪的人中，绝大多数人在回归平民生活后都会出现精神疾病。这也是为什么马斯在斯垂普脑海中，把暴力与性欲奖励联系在一起，让他在梦境中沉醉于情欲和爱情。暴力行为越多，夜里的快感就越强烈。战争就这样变成了一场游戏，在这个游戏中，一连串的杀戮会带来强度越来越大的奖励，就像在游戏机上玩3D射击游戏一样。

马歇尔的假说多年来一直都广受争议。有人认为他是对的，因为在拿破仑战争、美国内战和其他战争中的情况也是如此。另

---

① 与《黑镜》本集同名。——译者注

第五章
欺　骗

一些人，比如学者乔安娜·伯克（Joanna Burke），仅仅通过阅读20世纪大型战争中前线军队的信件就得出了相反的结论。"有一天，"一位迫击炮军官在一战中写道，"我全副武装地打到了敌人的营地，看到尸体和残肢飞溅到空中，听到了伤员和逃兵们绝望的哭声。我必须承认，这是我一生中最幸福的时刻之一。"

如果事实是这样的话，布鲁克甚至都不需要在戏中刻意安排那些能把敌人非人化的装备了。比起欺骗，士兵更需要的是对血腥的渴求，或者仅仅只是将杀戮当作娱乐。

推一下操纵杆，按几个按钮，千里之外的无人机就会执行命令，唯一留给士兵的任务就是在屏幕前仔细观察结果。士兵们可以随心所欲地对着麦克风互相开玩笑，就像《使命召唤》中的一支队伍，正在进行一局网络游戏。所有技术带来的操纵、欺骗、说服，都不得不向现实中人类的阴暗面投降。

第六章
政府和虚拟形象的斗争

我不在
黑镜世界的真实性

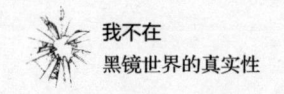

"亲爱的同胞们，今天是特殊的一天。和往常一样，我们在投票之后相聚于此，庆祝一次和平有序的权力更迭。权力从一位总统移交至另一位总统，从上一任政府移交至下一任政府。

然而这一次和以往的情况不同。今天，多亏了你们，权力不再由一任行政机关传递至另一任行政机关，权力回到了民众的手中。今天，一个新的政治时代将正式开启，在这个政治时代中，权力将重新回到你们的手中，回到人民的手中。

长久以来，一小撮精英，一部分特权阶级，靠着民众发家致富。政客们花天酒地，与此同时，许多公司接连倒闭，一些年轻人成了无业游民。统治阶级只保全了自己，却没有保护这个美好国度的人民。

直至今日，你们都从未享受过胜利。但是，他们逍遥的日子如今结束了。现在一切皆已改变。这是你们的时刻。它属于你们，而不再属于旧政治，不再属于强权，也不再属于曾无情剥削你们的国际金融体系，没有任何人会再为他们投出选票。今天，变革来临了。因为今天，你们将举行就职典礼。终于，被遗忘的人们将重新被铭记，失声的人们将重获发声的权利。因为这个国家将重新为你们服务，为广大人民服务。

第六章
政府和虚拟形象的斗争

我想清楚且大声地说出来,让声音响彻山谷,传到海的另一边,让世界和你们家中的每一个角落都能听见:从今天起,观念变了;从今天起,人民的利益永远是居于首位的。税收、移民、工作、学校、家庭,一切永远都以你们为先。

你们的主张,你们的切实需求,你们的参与意愿,都促成了今日的胜利,让我们赢得了前所未有的胜利。我们将修建公路、高速公路、港口、机场。我们将筑起高墙,捍卫我们的身份。我们将坚定不移地保护我们所爱之人。不要在意那些愤世嫉俗的人和"老古董",不要被温和派和激进派的言论左右;不要去理会那些人民的敌人,他们破坏了经济,损害了道德;他们仍然只知道批判和仇恨这个国家。

我们不会再给他们插手的机会。官僚和说客不再发号施令:你们将影响法规条例。

你们通过在线公投,在网上提出自己的建议;我呼吁你们要不断地表达自己,用社交网络进行直接坦率的交流,朋友们,我会一直在线倾听你们的诉说,回答你们的每一个问题。凭借你们的聪明才智,凭借你们在这个世界的生存之道,你们不再需要那些反对国家利益、反对变化、满嘴谎言的媒体。

正是因为你们,这个国家才值得信赖。通过重拾对我们国家的忠诚,你们也将重拾对彼此的信赖。

因为当你重新拥抱爱国情怀，在你心中的偏见将无地容身。人们将不再感到恐惧。人们将感到安全，感觉到被守护。人民就是自己的主人。

因为今天，主权终于回到了人民的手中，回到了你们每一个人的手中。

愿上帝保佑，赐福我们伟大的祖国。"

以上是特朗普在白宫就职典礼上发表的演讲，并结合了不同政治领袖发表的具有煽动性的演讲。演讲是要求公民权利、表达现实的一种方法，并且，随着演讲的影响力越来越强，人们也越来越多地在世界各地发表演讲。

按照这种逻辑，2013年2月25日晚上，就在特朗普当选总统之前，两个原本完全脱节的事件交织在了一起。

第一件事发生在英国。曾经制作了《黑镜》前两季的电视台播出了《黑镜》第二季第三集《沃尔多时刻》(The Waldo Moment)。在这一集中，编剧布鲁克将所有反体制的言论都通过一个蓝色泰迪熊的数字形象表达出来，这只泰迪熊带着喜剧演员的口吻和活跃的思维在晚间脱口秀节目里讽刺政治。不过从讽刺脱口秀到参与政治的距离很短，最终泰迪熊沃尔多在不知名的小镇斯坦顿福德（Stentonford）参加地方选举，其竞选计划可以总结

第六章
政府和虚拟形象的斗争

为谩骂所有竞选者及其所代表的群体,这个选举通过在线投票,在直接又民主的乌托邦中进行。

"我们不需要政治家,"一句动画师在剧中说道,"我们都有一部智能手机和一台电脑,不是吗?因此,对于要做出的决定或要批准的选择,我们可以在线进行所有操作。人们点击竖起大拇指的图标表示赞同,点击拇指向下的图标表示反对,通过这样的方式做出决定。多数胜出。"

我们必须通过一只被喜剧演员操纵的数字泰迪熊才能做到这一切吗?

"为什么不呢?"布鲁克回答道。他早在2005年就在他的讽刺情景喜剧《内森·巴利》(*Nathan Barley*)中勾勒出了这一集的基本概念。

如果政治完全与现实脱节,那么即使是虚拟的傀儡也可以击败最有经验的候选人。

第二件事发生在意大利。沃尔多在电视台首次亮相的一小时内,意大利关闭了政治选举的投票箱,而这次选举会将意大利从专家治国[①]

[①] 专家治国论,1932年发源于美国的思想运动。最早由斯泰因梅茨提出,他认为,为克服资本主义的弊病、管理好复杂的社会,国家不能由追求私利的少数人进行管理,而要由能考虑社会整体利益的科学家和工程师去管理。具体来讲就是总理和部长不能从议会代表中选出,而要在经济、社会、环境、司法和技术科学领域的专家中选出。——译者注

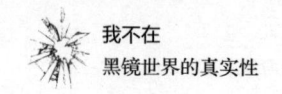

的时代过渡到政治性政府①的时代。此后不久，我们便领略到了同样的反体制逻辑。意大利五星运动（il Movimento 5 Stelle）就是这一逻辑的典型表现，这是一股源于网络的政治力量，始于喜剧演员贝佩·格里洛（Beppe Grillo）的博客，他在那次选举中获得了超过四分之一的选票，人们在网络上推举并选择其领导阶级。

但是，在充满欺骗和信任危机的时代，要想理解什么是不可磨灭的事实并至少以此为基础进行讨论，这件事首先也是一场有关现实的斗争。

如果每个人接收到的资讯都在印证他们对世界的看法，并因此无视或嘲讽他人的观点；如果每个人都是虚假信息策略的受害者，他们的投票行为都被有针对性地操纵，那么即使身处同一个世界，人们也很难对比各种不同的看法，很难从不同的角度讨论同一个的话题。

"你无法认同的人是看不见你所经历的这个世界的，反之亦然。" 虚拟现实先驱雅龙·拉尼尔（Jaron Lanier）在他的最新著作《立即删除你的社交账号的十个理由》（*Dieci ragioni per cancellare subito i tuoi account social*）一书中写道，"因为，现在

---

① 由于政府是议会多数派的代表，由公民选举产生，以这种方式组成的多数派支持的政府即为政治性政府。一个具有政治性的政府，它将以多数派的共同目标和指导方针为指导。——译者注

第六章
政府和虚拟形象的斗争

民主遭遇了危机。"一些与他持相同观点的人认为"网民正在破坏民主"。

"如果有这么多公民拒绝达成共识,民主共和国又如何能成功?" 西瓦·瓦伊达亚坦(Siva Vaidhyanathan)在《抵制社交媒体:脸书如何让我们彼此断开联系并破坏民主》(*How Facebook Disconnects Us and Undermines Democracy*)一书中发问。这本著作也许是脸书面世以来受到的最激进的批判。

答案很简单:民主共和无法成功。如此一来,权力将不再决定真与假,而是用来宣布"对真理的探索是徒劳且无关紧要的"。

从这个意义上来说,从2016年11月8日的晚上开始,问题就已经出现了。这天特朗普在白宫的竞选赢得了胜利,震惊了全世界。从那时起,人们不再讨论外国网络势力的干扰问题,不再讨论黑客入侵候选人敏感数据的问题,不再讨论竞争对手暗地里收买一帮帮煽动者的问题,不再讨论群发的数百万垃圾宣传邮件和谣言的问题,也不再讨论虚假新闻产业的问题。

的确,这些都是需要评价和理解的问题。但是问题的根本不在于技术。美国政治两极分化的问题出现在社交媒体时代之前。"回音室效应"[①](echo chamber effect)不仅出现在脸书上,也出

---

① 信息或想法在一个封闭的小圈子里得到加强。——译者注

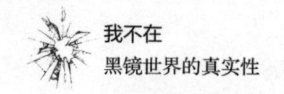

现在健身房或瑜伽俱乐部中。粗野的政治语言由来已久，其主角仍然是令人恶心、蛮不讲理又无用的电视"辩论"以及经常出现的口号和打脸的场面。

政治没那么真实。政治很少能掌握具体需求，很少能提出合理措施，政治很少使用大众的语言，总的来说，政治语言显得很有距离感，缺乏人性。从更朴实的角度来看，在许多情况下，在操场、家庭、社区、单位，传统政治都不存在。

这就是让沃尔多变得有趣且有预见性的原因了：他证明了，在这些情况下，虚拟形象作为政治候选人甚至比一些有血有肉的人更加值得信赖。

政治的虚拟形象可以比政治本身赢得人们更多的认可。然而，直到特朗普当选总统之前，人们都难以注意到《沃尔多时刻》的极端意义。剧终时，观众们的内心产生了动摇，评论家们都愤怒了。网站"极客之站"（Den Of Geek）写道："这一集太难看了。"网站还仿照安迪·沃霍尔（Andy Warhol）的作品《成人影片俱乐部》（*AV Club*）补充说道："没有足够的证据表明《沃尔多时刻》这一集的时长应该超过十五分钟。"

许多人会好奇，一个只会咒骂、侮辱、煽动他人并且脑袋空空的玩偶到底凭什么可以获得观众的认可呢？

沃尔多在剧中也许还能干扰政治媒体的日程，但实际上，

第六章
政府和虚拟形象的斗争

它能造成的影响也就只有几天而已。人们对沃尔多就是三分钟热情，热情很快就会消失。正如布鲁克所说的那样，沃尔多显然没有能力将民主付之一炬。相反，人们不需要太多解释就能想象出，这只虚拟熊在很短的时间内就会建立一个具有极权主义特征的政权，并以对它的虚拟形象的崇拜为基础，并暴力镇压任何批评他的人。

然而，沃尔多的幕后操控者深知，媒体总是胃口大开，从来没有真正满足过。当这个玩偶开始频繁地参加电视辩论时，它开始立规矩。它对当值的记者说："你非常清楚，多亏我，你的收视率才会飞涨。"

我们不知道数字民主实验的结果是否必然如此有害。许多人相信其结果必然有害，他们认为极权主义便是直接民主这一概念的核心，数字化只不过给独裁者增加了新的利器。相反，其他一些实验则显示，在过去的几十年中，尤其是近几年，人们从线上参与和审议中收获到了许多成功的具体经验。比如冰岛在线撰写的宪法；巴西、芬兰的用户共同制定的法律；为保护互联网基本原则而打响的战役从印度、美国蔓延到了意大利，并获得了胜利。马德里和巴塞罗那的市民可以通过在线参与平台决定市政府的预算如何使用。这些例子数不胜数，这表明在某些情况下，数字审议是可行的。这种形式更加有效、更富有创造力、更有活

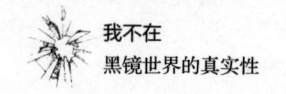

力，也有更多人参与和讨论。

简而言之，这种形式更真实。因为它产生的效果对选民是真实的，所以它似乎可以满足选民真切的需求。另外，如果事情进展不理想，网络也给广大网民提供了一个触手可及的发泄途径。

许多因素导致了观众的转变。从2016年11月开始，批评家们对《沃尔多时刻》的态度有了很大的转变。没有人还敢将这一集定义为虚构的故事，这一集讽刺的尺度太大了。现在，许多人都将这一集视为对现实世界的预言。

除了隐喻，布鲁克也曾明确提过这个预言，尽管他本人不愿意承认这一点，但他确实也是少数曾预言过贝卢斯科尼[①]这位商业大亨将在大选获胜的人。

像沃尔多一样，尽管这一集描述的场景是虚构的，但是它"比其他所有事物都更加真实"，就像人们在这集中感觉到的那样，这一集可以说是一个具体而成功的政治方案。

今天是"反政治的堡垒"，明天是"任何性质任何想法"的支持者。政客只需要说适量的笑话和一些漂亮的假话，再加上一些有关对手身体缺陷和私人生活的玩笑话，这样他们说的就是民众的语言了，就能和民众拥有同样的愤怒了。

---

① 意大利政治家和知名企业家。——编者注

第六章
政府和虚拟形象的斗争

特朗普当选的那天晚上,《黑镜》的官方账号在推特上发文:"这不是剧情。这不是营销。这是现实。"于是,世界上再也没有了进行理性讨论的余地。除非拉扯傀儡的绳索的不再是人类,而是人工智能。

事情现在变得更加抽象了,想象这样一个即将来临的世界也变得更加有趣:如果沃尔多不需要喜剧演员来操纵,如果沃尔多自己就能操纵自己了呢?如果它不需要提前写好的笑话和剧本就能让我们信服呢?如果它不再需要幕后人员做出适当的面部表情,不再需要在任何情况下都能以适合的声音和足够复杂的动作让大家发笑呢?

喜剧演员主角杰米(Jamie)很快展示了他脆弱的一面。他不曾表达出来的挫败感,以及未曾得到宣泄的情绪。每个人都有脆弱的一面,但是机器没有。它可能会以最恶毒、最直接的方式欺骗、操纵我们,它会利用大数据来了解我们的一切,直击我们脆弱的地方,直击我们最核心的偏见或内心最深处的观念。

让我们做一个最激进的假设,虚拟形象甚至可能会变得聪明到足以管理公共事务。这点很重要。如果人工智能成长到比人类还能更好地治理一切呢?如果他们真的依靠系统为集体利益做出了更好的决策,我们真的不会投票支持他们,而去支持人类候选人吗?

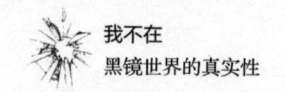

今天，我们很容易嘲笑人工智能系统在分类主题、识别对象、回答基本问题或者甚至理解简单语言时出现的缺陷。但是，正如哲学家兼记者杰米·巴特利特（Jamie Bartlett）在《人类与科技：互联网如何扼杀民主（以及我们如何拯救民主）》[The People VS Tech. How the Internet is Killing Democracy (and How We Save it)]一书中所写的，机器也许很快就会接近功利主义哲学家杰里米·边沁（Jeremy Bentham）在两个多世纪前提出的"幸福计算公式"（felicific calculus）的水平，也就是说，机器发展到了能对每一个言论和行为做出恰当的道德正义评估的水平。

一种可以计算每个行为的道德价值并从这些行为的组合中计算出最大社会效益的算法。这是科幻作品中常见的传统机器政府假说。这是"世界的理性秩序"，正如菲利普·迪克（Philip Dick）虚构出的"瓦肯3号"（Vulcan 3）那样，它是一台控制"所有政治相关事物"的计算机，它甚至能"推算出与政治相关的社会冲突"。

也许我们仍然无法理解机器所做出的正确选择。巴特利特针对这种情况提出了名为"道德奇点"（Singolarità Morale）的假说，即机器的实际计算能力超出人类能力的那一刻，这说明了我们为什么无法理解机器的决定。

不过这种情况带来的好处是显而易见的。在这种情况下，人类将面临消失的风险。巴特利特写道:"危险不在于机器给出了错误的解决方案,情况恰恰相反。通过改进,它们将不断提出优秀且经济的解决方案(至少与人类的解决方案相比),进一步巩固机器在我们生活中的重要地位,哪怕它们给出的方案可能并不公正,但人们并没有意识到。"

人类甚至不再需要再操纵民粹主义的傀儡,也不需要为早已被遗忘的"反体制"需求打造数字发言人。我们可以猜想,未来将会有人工智能,或者智能管理工具,根据其高度理性的政治观点分配权利和义务。我们会服从这些决定,并确信摆在我们面前的是中立客观的选择、更好的选择,因为这些选择都以数据为基础,由计算机发布,还经过了特别定制,能让我们每个人都感觉舒适。

在缺乏信任的时代,我们最终将找到值得信赖的东西:让算法掌权。许多对我说着正确话语的小沃尔多,为了引诱我而许下承诺,为了刺激我去做机器想让我做的事情。这种观念也基于绝对的虚构,因为没有人可以检查或理解这些计算最终是否公平、公正。

迪克总结道:"事物获得生命,生物被还原为事物。"人类不再是主人,而是技术真正的附属品。

这一切也只是假设。

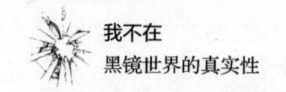

巴特利特自问："如果存在另一个更高级的系统，那么人类需要什么样的理由才会做出支持自己接受这种高级系统统治的重要决定？而如果到时民主不再是不断做出错误选择的一种无效方法，那民主又会是什么样的？"

是的，即使是直接民主也给如今的人类燃起了许多希望。如果机器的智慧比人类的群体智慧更加聪明，那么民主别无选择，只能屈服于机器或摧毁它们。但谁又会愿意放弃舒适和既得利益，转而去反对机器这样一个真正开明的独裁者，去进行革命呢？

也许那些最聪明的人宁愿选择与机器共同努力。与算法君主合作或为它服务，以便更好地明白它的逻辑、取之长处并加以利用。

这和日本漫画家间赖元朗的漫画作品《投票机器人少女》（*Demokratia*）中描绘的场景很接近，间赖将日本漫画的边界推进到"持续的数字化参与对人类和社会的影响"这一话题。这个想法很巧妙，它清晰地反映了许多现实问题，这些问题动摇了直接民主建设的基础。同时，这位漫画家也引发了我们的深思，让我们思考真实与虚构之间越来越弱的界限。这依然是我们面临的主要问题，它让放弃人性显得简单又诱人。

漫画的故事始于日本关东大学远程通信工程专业三年级的学

第六章
政府和虚拟形象的斗争

生前泽与机器人专家井熊的相遇。前泽发明了一个让在线公投更加高效的系统；而井熊则创造出了具有人类外观，但仍然缺乏人类智慧的机器人。

井熊提议，为什么不将这种用于集体实时协商的方法用来为机器人服务呢？在他们相遇的那天晚上，他说："如果借助你的软件，根据投票表决，由网络上的所有用户决定机器人的行为，那我们也许会收获惊人的结果。我们可以想象一下，会有很多人通过网络为机器人提供无穷的知识、经验和道德约束……因此机器人的行为都将是理想行为，因为它会根据大多数人的选择行动。"

这位科学家充满热情，他说通过这种方式，这个名为舞的机器人将逐渐成为"终极人类"。由于每个决定都不是个人选择的结果，而是群众智慧的结果，这个机器人将成为所有人的模范。根据直接民主的原则，这种智慧形式从定义上就将优于任何个人智慧。

前泽一下子有点懵，他开始沉思。他先是说出了合理的反对意见：通过这种方法实现的，并非人类智慧的统治，而是公众舆论的暴政。在《黑镜》的许多集里，这种即时的独裁统治已经出现在荧幕上：总理被民意调查所绑架，而调查结果其实每小时都在变，而且前后矛盾；"刽子手"会根据在推特某一话题标签下

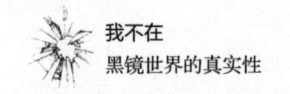

发言的疯狂用户的意见，攻击他们所选择的受害者；一群看直播的观众远程指导一名男孩如何进行约会，向他建议具体每一步该做些什么。

　　但是后来前泽说服了自己。也许他的在线投票系统值得拥有更大的革命野心。一开始，前泽通过自己所在大学的创业中心将自己的系统出售给了一家出版社，该出版社用它为日本小学内联网制作了一款游戏。开发人员想让孩子们分成小组，每个小组都使用前泽的简化版软件共同控制一个角色。为了让角色能好好地动起来，每组必须通过投票表决的方式决定角色的行动。前泽说："因此，参与游戏的每个小组都必须就每个行动交换意见并投票……通过这种方式，孩子们在享受游戏的同时，还能培养协作精神和耐心；除此之外，他们也在学习并实践由多数人投票选出答案这一民主形式。"

　　实际上，同样的事情也发生在舞的身上。在漫画虚构出的实验中，3000人将学习共同给它选择每个行为，彼此对抗，并创造出一种集体思维，这毫不奇怪，这在互联网乌托邦的承诺中一直存在。

　　不仅如此，在参与者共同进步的同时，舞的人工智能水平也将不断提高。当代所谓的"微任务"可以说与之相似，微任务是指让成千上万人执行简单且重复的工作，并通过这种方式训练能

第六章
政府和虚拟形象的斗争

够管理我们网上生活的人工智能，例如在亚马逊的土耳其机器人（Mechanical Turk）平台上提供的服务。人类之所以沦为机器人，是因为他们的劳动力比机器人本身还要便宜，只值几美分。参与劳动的是真正的生物神经元，而不是数字复制体，它们可以通过验证码的测试，对图像进行分类，转录代码。这正是语音助手学习的方式，包括我们手机上的苹果语音智能助手Siri和微软开发的人工智能助理Cortana，或者是家中的亚马逊智能语音助手Alexa和谷歌智能语音家居设备Google Home。

在漫画中，3000名参与者每次都要就同一功能做出决定。他们必须不断做出微小的决定，解决微小的问题：要不要从床上起身，起来时动作要多快，肌肉应该使用多大力，脸上应该有什么表情，该看向哪个方向，又要看些什么。

在漫画里，没有一个用户可以自己独自控制机器人：在线参与者会提出上千种建议，而他们总是必须在其中最受欢迎的三大决定中进行选择，通过投票表决来控制机器人。

但是，该系统还添加了一项有趣的额外项目：在每次投票时，系统还会显示两个没有任何人投票的选项。前泽说，这是将"灵光乍现的天才想法，那些超出一般常识、闻所未闻的想法"纳入考虑范围的一种办法。前泽预见到了大多数人的独裁带来的风险，但他却无法评估该风险。

143

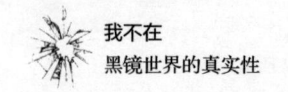

两人决定进行实验,而在漫画的后续情节发展中,这种乌托邦的想法迅速显露出了噩梦的轮廓。参与者不得不持续思考、评估、作出决定、点击和讨论舞的行动,他们的个人生活被这样的重担压垮了。出于某些原因,参与者甚至可以抛弃自身存在,只想为建立直接民主系统和舞这个机器人的生活付出大量时间,正是这样的人们给出了舞的行动样本选项:这是一场游手好闲者的专政,一场集体疯狂的狂欢,人们任由情感取代了理性思考。这些关键点将我们团结在一起。

漫画将实验说成是具有社会性的人类模拟器,但实际上,以舞为代表的实验只是一个政治项目。井熊明确表示,那个机器人将融入人群中,走上街道,进入人们家中,她最终将结识许多人,并利用站在其"无限的智慧"的高度真正帮助他们。因此,随着时间的流逝,"机器人开始赢得人们的青睐,人们将在某个时候开始支持和尊重机器人。"这位科学家畅想道。漫画作者间赖写道,"像这样继续下去,有一天,这个机器人将在社会中找到立足之地,成为每个人的榜样,甚至可能成为向导、领导者。"漫画家用仰视的视角,画了一个令人不安的人影,周围是为其欢呼的人群。

人们再次受到欺骗,因为他们绝对不会知道面前的是非人类、非现实的存在。除此之外,漫画指出:"尽管不是真正的人

第六章
政府和虚拟形象的斗争

类,但最终,机器人将成为模范人,一个理想的人,这意味着他将比任何人都更像人类。"

就像沃尔多一样:虚假,但比现实更真实。因为真实从本质上来说就令人困惑(这一点非常重要):真实在感知和智力层面都令人费解。蓝熊的虚拟形象我们很熟悉,让人想起苹果公司制作的动物表情符号,它将我们的面孔变成了表情符号和动画。虚拟现实和增强现实、照片编辑、实时音频和视频编辑正在创造其他令人信服的现实,同时也影响着我们眼前一切信息的可信度。尤其是在类似的文化氛围中,这一点令人不容忽视。

因为如果沃尔多脚下没有混乱的知识传播系统,那他就不可能存在。或者更确切地说,他可能存在但不会受到认真对待,也不会掌权,不会令我们感到恐惧,更不会有民族主义的回归,不会建起隔离墙、关闭边界,让我们生活在各种非理性恐惧之下。

这恰恰是一种真正的文化霸权,这种霸权让直接凌驾于间接之上,直觉凌驾于理性之上,快速处理凌驾于仔细思考之上,常识凌驾于智慧之上。它附属于功利主义,完全立足于数字技术的效率和对幸福的承诺,并通过人工智能每天轰炸我们来传播。

人们认为这些比传统政治的其他形式更为现实,忽视这一点无益于解决民主问题。在没有详细描述过其他政治形式及其对世界的具体愿景的情况下,就将一切归咎于社交媒体,这同样也不

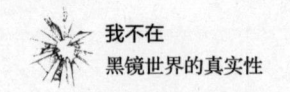

会有用。但是，社交媒体确实也存在一些问题。我们孕育和使用社交媒体的方式使布鲁克构想出的噩梦无比生动，比起当代出现一个新的伯里克利[①]（Pericle）的幻想还要真实，也比雅典重新在现代崛起，其集会广场能将全世界囊括其中的梦更加生动。

总之，杰米这个沃尔多虚拟形象背后的男人，这个令人失望的喜剧演员，他在剧中告诫那些希望民主能像油管视频一样，根据浏览量以及"赞"和"踩"运作的人："最受欢迎的视频是一条狗通过放屁的方式演奏出情景喜剧《欢乐时光》的曲调。"

政治目的达成之后，最后只会留下这些。

[①] 古希腊雅典黄金时期的政治家和演说家。——译者注

第七章
无所畏惧

我不在
黑镜世界的真实性

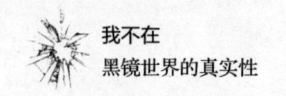

这是一个不寻常的时代，也是我们身处的时代。我们对一切都抱有敬畏之心，同时我们又无所畏惧。我们认为犯罪数量在增加的同时，犯罪数量其实在减少。美国人可能认为移民正在入侵他们的国家，而统计的数据又记录了移民的失败。不论那些说明我们平均寿命长度与生活水平的数据如何，我们似乎认为一切会越来越糟糕。

因为我们不再相信任何东西，我们被计算得出的统计数据和调查淹没了。政党、媒体、工会、机构、邻居，所有的一切似乎都在描述过去的发现。这些无声的发现，无法告诉我们他们是如何收集和传递这些数据的。然后我们颤抖着，总是在我们不想要的现在和我们不知道的未来之间徘徊。我们无法动弹，同时又准备好了与任何能说服我们的人一起逃跑；最好是能与任何说我们想听的话的人一起逃跑。

因此，我们的时代是一个充满恐惧的时代，一个不安全、让人害怕的时代，与此同时，也是一个有技术会保护我们的时代，让我们感到备受呵护的时代。是这些技术给我们注入了一些奇怪的希望。它们向我们展示了文明的进步仍在暗中继续。

突然之间，我们不再知道我们缺少什么。这么多个世纪以

第七章
无所畏惧

来，青少年都会逐渐自然长大为成年男女，但是对于父母来说，突然之间，他们似乎无法不去跟踪孩子的一举一动，无法不去关注他们的每一通电话、每一条信息和每一条网上搜索记录。自人类历史的开端以来，情侣所做的就是不停坠入爱河和相互背叛，但只有现在，人们才感觉到需要保持对彼此智能手机的监控，才能不去怀疑对方对自己有所隐瞒。

在工作场所，一个应用程序便足以对我们进行监视，弗雷德里克·温斯洛·泰勒（Frederick Winslow Taylor）在20世纪初提出的科学管理理论与之相比都相形见绌，一个应用程序可以跟踪每个工人的所有手势、停顿和节奏。但是生产力永远都不够，危机的阴影总是如影随形。

这是一连串的悖论，揭示了当代最脆弱的环节之一：恐惧助长了监视，而监视又助长了更多的恐惧。我们相信，接纳"自由缩减"就能换来更多的安全感，而这最终将治愈我们的焦虑，但我们的神经永远放松不了。

另外，多年来，从全球范围来看，自由的确在失去。不论是线上还是线下，权利越来越受到限制，甚至在一些被认为应该是保护和拓展权利的模范国家中情况也是如此。公众讨论普遍更野蛮，人们口中再次毫无任何羞耻感地公开讲出许多曾经是禁忌的字眼，它们是20世纪最糟糕的历史遗留物：种族主义、宗教仇

149

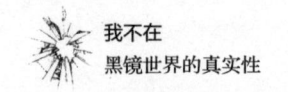

恨、民族主义、同情心及人性的泯灭。这是文明和进步遭遇惨痛失败的表现。这段历史原本应该结束了，但它却又跟随着暴力再度出现，甚至到了令人恐惧的地步。这促使我们向任何在我们面前兜售合适的电子产品的数码小贩寻求安慰。

因为恐惧是人类的基本情感，同时恐惧也是一种技巧。它有益于生存，因为它使我们本能地远离危险；但是，如果恐惧的出现是人为的，那么这就是使我们陷入存亡危机的一种方式。

恐惧是驳斥所有谎言的动力，同时，恐惧这种酶也加速了捏造丑闻的文章的传播，这些手段是专门为了获得点击率或投票的。

尽管如此，这种力量仍在推动着整个世界的初创企业和应用程序的共同发展，这些初创企业和应用程序旨在满足和消除人们的担忧。智能监控摄像头的存在一方面说明我们对于被盗的恐惧是正当的、真实的，另一方面也使人们相信在摄像头的监控下不会有盗窃发生，因为人工智能能够预测并阻止犯罪；或者，起码它可以帮助警方更轻松地识别和找到罪犯。

再者，这些应用程序教我们如何健康饮食，实时监控我们的健康，记录我们使用电子产品的时长，并在恰当的时间提出断开电子产品连接的建议。所有这些手段都是用于缓解我们对于自己可能遗漏生存相关的重要信息的担忧，同时又让我们依赖着数字

第七章
无所畏惧

工具，而这些数字工具最终可能会妨碍我们。

所有的手段都使得人们对无处不在的监视的依赖成为常态。谷歌、脸书一类的网络巨头也是如此，它们全方位扫描我们的网络生活。媒体和政界对它们提出了日益强烈且越来越普遍的要求，以保护我们免受网络平台上流传的仇恨、威胁、虐待、极端主义和谣言的影响。然而，不管媒体和政界为消除数字世界中的邪恶动用了多少人力、创造了多少算法解决方案，网络的邪恶仍然存在，因而我们所有的恐惧也与之同在。

我们始终是焦虑无比的父母掌中的婴儿，为烦恼所困。显然这样也没问题。对于那些应用程序代码和网络平台的拥有者而言，他们了解我们的一切，可以保障我们的社交、自我实现和专业成就。同时，他们还能获得天文数字的利润。

对政府来说，他们可以利用对世界和公民的实时监测来建立他们的共识，帮助他们达成地缘政治的目的，监视每一个可能的敌人，预见每一个可能的异议。

对于公民本身，对于那些经常被剥夺基本权利的用户，他们也同样快乐。毕竟，让他们受益的服务仍然是免费的，或者是负担得起的。这些服务的目的或多或少就是引诱他们自愿且完全降低自己的防备。

在一个完全被实时监控的世界里，不再需要极权主义或者奥

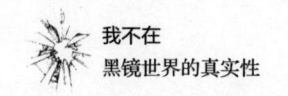

威尔式的强迫：只要有持续的回报就足够了，只要有一个额外的"点赞"或无数次通知的提示来证明，是的，我们的伴侣那天晚上确实在工作。

这就是为什么我们这个时代的代表人物不是英国著名小说家乔治·奥威尔（George Orwel），而是电影《美丽新世界》（*Brave New World*）的奥尔德斯·赫胥黎（Aldous Huxley）。命令群众的方式应该是给每个人一根专门为其定制的胡萝卜，而不是用同一根棍子抽打每个人。媒体文化学者尼尔·波兹曼（Neil Postman）在1985年就已经明白了这一点，他谈到了由于电视引起的注意力分散而导致的沉迷状态，以及人们是如何"享受这种极端欢愉"（《娱乐至死》正是他代表作的标题）。

社交媒体也是如此，因为社交媒体能够基于每个用户的偏好，个性化地推荐有趣的东西。在那里，我们终于感到自由，能够充分地表达自己，表达欢乐和悲伤，宣泄愤怒和激情。我们知道自己的某个想法被系统算法或某位脸书审查员删除这件事是错误的，而在外面的真实世界中，在日常生活中，当我们有一些真正可以自由表达的东西时，我们却总是咬紧牙关沉默着。此外，那道诱惑我们、征服我们、说服我们的咒语仍然存在：如果你没有什么需要隐藏的，你就没有什么好害怕的。

针对所有人和一切事物的极端透明化是解决文明和民主共存

第七章
无所畏惧

问题的错误和低效的办法。

数以亿计的眼睛总是在监视并记录着一切，人们却没有意识到，所有这样的关注都只会得到一个结果——绝对的失明。

一个平常的日子里，在冬日苍白的阳光下，玛丽带着她的女儿萨拉来到儿童乐园。这个金发碧眼的三岁小女孩散发着恬静和天真的气息。她的母亲是充满魅力的单身妈妈，小女孩一会儿安静地一个人从滑梯上滑下来，一会儿探索着孩子们在乐园中经常玩的塑料管道。

突然，萨拉在一条管道的另一端意外地发现了一只猫，在母亲的视野之外，萨拉开始抚摸它。此时，她母亲又遇见了另一位推着婴儿车的母亲，这个婴儿年纪更小。这位女士让小婴儿给玛丽打招呼，玛丽则送上了礼节性的祝福，并因为这温馨的时刻稍微分散了注意力。与此同时，那只猫跑掉了。而萨拉发现母亲没有注意到她，就决定去追猫了。

这就是一瞬间的事。当玛丽把她的目光转回滑梯时，萨拉不见了，甚至其他游乐设施里也没有萨拉的身影，周围也无迹可寻。玛丽惊恐地叫着女儿的名字。她惊慌失措，也让路人感到担忧，都开始呼喊起来"萨拉！萨拉！"。

就在孩子似乎已经失踪，希望即将消失的时候，一个男人喊道："我找到她了！"玛丽紧紧地抱住女儿，向她道歉，止不住

153

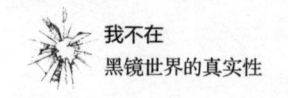

地哭泣。但是她心里的创伤并未过去。

回到安全的家中，玛丽准备寻求技术的帮助。这款新产品名为"大天使系统"（Arkangel），目前仍处于测试阶段。但这款产品是免费的，而且似乎很有效果。这是一个完全无痛的神经植入装置，它会在孩子的大脑中安装一个软件，让你可以不间断地监控孩子。对玛丽来说，这是解决她害怕再次失去萨拉的恐惧的办法，这次她不会再找不到萨拉了。事实上，只要有一台平板电脑，玛丽就能知道女儿的一切：她在哪里，她怎么样。玛丽甚至能看到女儿眼睛看到的东西，女儿的眼睛将转化为相机，为忧心忡忡的母亲所用。

针穿透了小女孩的太阳穴，但没有伤到她，也没有引起她的疼痛。一会儿，芯片就安装好了。万一出现危险，只要按下按钮，警察就会立刻赶来。只要轻轻一点，你就会知道孩子血液中的铁含量太低了，因此需要吃些特定的食物来补充。最重要的是，这个系统有一个过滤器可以保护孩子不受一丁点暴力或危险的刺激：不管是对她咆哮的狗，还是色情内容、枪击或脏话。轻轻一按，随着"大天使系统"的出现，一切都消失了，一切都会被笼罩在难以理解的失真像素和扭曲的声音中，文字会变得无法辨认。

然而，这个系统也有一些缺点。如果小女孩不想让母亲担心，那她就不能再有所隐瞒了。而母亲永远不会接受这样的想

第七章
无所畏惧

法：有一天她的女儿会独立自主，可以自由地为了犯错而犯错，或是为了成长而犯错。

从那天起，母女俩永远都生活在恐惧之中。女儿意识到自己被看不见的眼睛注视着，即使是通过自己的眼睛注视的。不知疲倦的眼睛知道一切，也记录着一切。

玛丽这么做是为了让自己感到安心。要战胜恐惧，就要有安全感。萨拉甚至从来都没有提出过质疑。此外，她也从未表示过，是否同意把自己变成一个始终可追踪的联网物体，成为传递自己每一种感觉的传感器。

争吵，然后是虐待，接着是暴力，最后是脱离。跟随着导演朱迪·福斯特（Jodie Foster）的脚步，《黑镜》这一集的故事慢慢展开了。在聚光灯下，主题变得越来越清楚：如果人们总是可以监视其他人的生活，人类之间的关系将不再是人与人之间的关系，而会变成在相同的监控技术下的奴隶与奴隶的关系。

人们为这种虚幻的安全承诺付出的代价太高了。可惜人类已经没有回头路了。这似乎是正确的。

那天，玛丽变得很害怕，萨拉则面临很大的风险。至于"大天使系统"，在她们禁用这个系统之前，她们还说了一通这个系统的好话。

如果可以的话，有多少像玛丽这样的母亲会选择"大天使

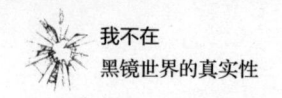

系统"呢？很多人都会，这一点可以从使用数字育儿应用软件的人数看出。

皮尤研究中心（Pew Research Center）2016年进行了一项调查，调查对象为孩子在13~17岁的成年人。根据调查，61%的家长会检查他们处于青春期的孩子访问了哪些网站；48%的家长会浏览孩子的通话记录和短信；16%的家长会通过手机追踪孩子的位置。

数据与社会的研究员玛丽·马登（Mary Madden）表示："我们正走向这样一个世界：父母亲自执行的监控正在逐渐变少，并不再是一种选择。"这是常态，而不再是不寻常的事情。技术就在那里，只要点击一下鼠标，技术会向你承诺有办法了解你孩子的一切。仅仅说"妈妈，我要出去了，我不会很晚回来的"已经不够了，因为通过平板电脑，只需轻轻一点，妈妈就能确保孩子一切正常。

因此，这位学者认为，这些努力将不再是为了控制孩子们，反而是在试图避免那种持续的控制，那种被平均分配到孩子们所有公共和私人活动中的控制。于是孩子们感到，在学校就像在家里，和朋友们一起却倍感孤独。

孩子们总是被观察着，被分析着，被评判着。在我们的社会中，这种模式引发了我们的担忧并促使我们寻求稳定与安全。因

第七章
无所畏惧

此,这种模式会蔓延到学校系统中也就不足为奇了。根据这一逻辑,学生必须受到保护,不能遭受任何意外或者经历任何世间的疾苦。他们不能因为手机而分心,不能搜索不道德的内容,不能挑战成人的经历,不能捏造自己的身份,除非形势所迫。在任何时候,他们都没有权利在不告知父母自己所在地的情况下,冒险进入外面的世界。

智能手机就是我们的"大天使系统"。这个工具可以通过我们的眼睛来观察,来了解我们的一切。这让我们总是可以被找到,同时也将我们分成了不同的人群,我们是可预见的,可改变的。

与《黑镜》不同,在现实世界中,我们已经经历了这一实验阶段。据《连线》(*Wired*)杂志报道,在英国,有超过1000个机构在使用监控软件监控学生的在线活动。这个技术的研发花费了超过250万英镑,覆盖了72%的英国中学。它允许教师通过计算机的屏幕观察整个班级,实时监控孩子们在网络上的活动,访问他们的搜索历史,记录他们的按键行为,并且在有人访问不合适内容时提示教师和员工,比如极端主义。

在澳大利亚的40所学校中,软件不仅可以控制学生的手机,还可以使摄像头失效。

在纽约,校园监控摄像头已经被广泛应用,这注定会成为一项标准。制造商心灵科技公司(Piece of Mind Technologies)大胆

157

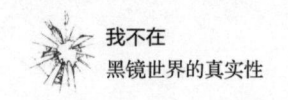

表示：通过智能摄像头进行远程视频监控的风尚才刚刚开始。

在监控持续不断的社会中，低效率和错误是无法被容忍的。但是，有越来越多的教育机构可能会转变为类似的"圆形监狱[①]"（Panopticons）。在这种情况下，即使没有人在看着学生，他们也会因为害怕被监视而约束自我的行为并审查自我。

父母和孩子之间的关系变得像《黑镜》中那样。在这个领域，如今使用频率最高的应用程序开发商效仿起了"大天使系统"制作公司的行事方式、承诺和用词。它们的口号都是一样的。"一览无遗，始终如此。"家庭定位器Qustodio的宣传语如是说，这是一个声称能做到实时监控孩子活动的应用程序。而另一款软件儿童监视器Spyzie声称："你总能知道发生了什么。" 然后，这家公司改用了父母监控软件营销中最常见的表达方式，道出了父母做出远程控制行为的真正目的，英国人称其为"心灵的平静"，和意大利人说的"安宁"一样。该公司写道："保持知情，让自己变得平静。"这为其产品创造了一个有效的口号，同时也是如今时代的首要要求。

你已经担惊受怕够了，这里就有一个小工具可以让你从此不

[①] 由英国哲学家杰里米·边沁（Bentham）于1785年提出。这样的设计使得只有一个监视者就可以监视所有的犯人，而犯人却无法确定他们是否受到监视。——译者注

第七章
无所畏惧

再焦虑。可以无声无息就装好的工具，不可能被监控对象发现。像监控泡泡（SpyBubble）这样的监控服务都以"100%不可检测，不可能被发现"而自豪。

注意，我们这里说的是极具侵犯性的产品。市面上那些产品提供的控制选项包括：通过全球定位系统（GPS）定位或无线网络实时掌握地理位置，通话记录，已接收、已发送甚至是已删除的消息，浏览过的网页，历史搜索记录，语音消息，手机里的照片和视频，通信应用程序WhatsApp、飞书信（Messenger）和其他即时通信程序里的聊天记录。它们可以识别到手机卡可能出现的变化，甚至远程干预智能手机的功能；可以限制互联网访问，限制那些他们不想要孩子访问的网站或不正当网站的访问，甚至关掉相机；还能设置限制，让孩子只能在特定时间使用手机。雪佛兰创酷系列（TraxFamily）甚至允许你设定儿子开车的最高速度，如果超过这个速度限制，这个系统还会向父母发出警告。

简而言之，我们这里说的是对孩子生活的全方位控制。只需按下一个按钮，就像在"我监控"（mSpy）网站底部的那个宣传语一样："现在开始监控。"

对于像玛丽一样的数百万父母来说，轻轻一按总比不知情的恐惧感要好。然而这样的制约也出现在了社会生活的其他领域。我们已经习惯于把对每个人的一切进行永久控制视作常态。现在

159

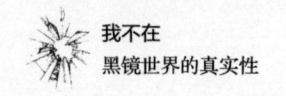

我们已经让监控默然介入父母和孩子的关系，介入夫妻的关系，甚至介入工作。

监控泡泡和无数其他公司的主页上都有明确说明："最新一代移动监控软件会帮助你监视你的配偶、孩子、员工等。"出于市场营销的目的，最新一代的产品功能总是会被摆在货架上宣传，这些都是已经发生了的事情，而宣传语中的"等"所包含的令人不安的内容则将留给人们的想象力去填满。

正如电脑主板（Motherboard）网站所写的那样，"监控从家里开始"，一直延续到工作场所、每一次约会、每一次超市购物。

监控已被滥用。轻松日志库（Easy Logger）在其商业材料中说道："你有权知道自己是否被背叛了，你也有权保护自己的精神健康和身体健康。""夫妻经常决定在他们的手机上都安装轻松日志库，这样就能保护他们的关系，避免夫妻之间的猜忌。""你可以随时知道你的配偶在哪里，这对很多人来说都很方便，而且如果知道他们的手机上已安装轻松日志库软件，其他任何的对话都是多余的。" 而这个应用所描述的情况也将会成真。但是，假设情况真是如此，那么在很多人觉得暗中监视他们的配偶很方便的同时，他们也侵犯了配偶的隐私，背叛了他们的信任。

更糟糕的是，我们失去了信任他人的机会。这是那些盲目相

第七章
无所畏惧

信这些技术的人造成的最大、最真实的损害。2013年，美国《新共和》（*New Republic*）杂志的一项调查得出了一项结论："没有任何东西和任何人值得信任。"

因此，没有任何东西、没有任何人值得我们托付信任。不然，为什么人们总要保持监控呢？

对大多数年轻人来说，监控对于他们个性的发展，对于他们的自我定位和做事的责任感，后果都极其严重。不会犯错，他们也就变得什么也做不了。

解释型新闻网（The Conversation）写道："对孩子来说，获得他人的信任也可以成为自信的一种表达方式。给孩子建立自信的机会，可以帮助他们摸索出自己处理事情的办法，即使有时这意味着犯错。"

然而，数字监护下的孩子永远不会出错。他们必须是完美的，他们要从不停歇地控制设备的每一项测试。监控设备像是他们的小伙伴。在美国，超过80%的离婚案件都提到了社交网络，并与智能手机或电脑有关，或者与监控应用程序有关，这绝非巧合。再者，如果被监视的人永远不会知道你在监视他，为什么不试试呢？

正如轻松日志库所讽刺的："当关系发展到配偶试图偷偷监视对方手机行为的地步时，这段关系实际上已经结束了。"

161

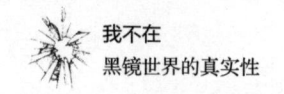

如果你没有找到能够证实你怀疑的证据，可以装作什么都没发生。重要的是要始终保持这些怀疑，保持怀疑一切的态度。当然，肯定有一款应用程序可以让你打消这种疑虑。

事实上，监视与我们如影随形，它的存在定义着我们，我们再也无法与之分离。城市、房屋、街道、物体，一切都在观察着我们。比如智慧城市和物联网，如果硅谷所设想的先进模式真的实现了，那我们将再也没有出路。

我们的每一次行动都将被跟踪，智能手机会追踪我们走到了哪里，车上的传感器和自动驾驶汽车的记忆储存器也会跟踪我们的行程。在家里，智能冰箱会记录我们的食物消耗情况，智能家居将记录能源消耗情况，一个联网的监控设备永远都清楚我们在浴室里待了多长时间，在卧室待了多久，花了多长时间听音乐或做饭，又具体听了什么音乐，做了什么菜。智能电视可以声控，语音助手会记录下我们的要求和愿望，并在朗读菜谱和时事通信的间隙见缝插针地插入个性化广告。无人机会从天空监视我们，智能人行道则从地面监视我们。配备了面部识别技术的监控摄像头则能够预测某一行为是否会导致犯罪，并让警方进行干预，我们的生活会像许多电影一样，而坐在幕后的就是算法。

这是一个可怕的前景。在世界上许多本来应该用虚拟条件句的情况已经被陈述句取代了，这样的念头让人愈发感到害怕。当

第七章
无所畏惧

然，如果给一切都搭载上人工智能，并提出一定的要求和准则，便可以提高城市管理的效率，改善垃圾的收集和处理，优化能源消耗和交通，减少污染，了解、确认不同城市区域真实存在的问题，从而更及时地处理。

但是这种方式的代价太高了。隐私保护积极分子马特·米切尔（Matt Mitchell）表示，智慧城市在缺乏一些基本需求的情况下，实际上是在监控城市。他在2018年纽约个人民主论坛（Personal Democracy Forum 2018 in New York）上发言："这些数据值多少钱？由此产生的利润是如何使用的？谁将从中受益？执法机构将如何利用它？只要我们不要求，智能城市的存在将只是对居民进行智能剥削。"

今天的智慧城市建立在技术发展之上，可以把一切变成文件、证据、证明。杰夫·玛诺（Geoff Manaugh）曾在《大西洋月刊》（*The Atlantic*）中将智慧城市所带来的现象与乔伊斯（Joyce）的《尤利西斯》（*Ulisse*）进行了比较，他试图通过叙述主人公利奥波德·布鲁姆（Leopold Bloom）一天中的每一个细节，用文字来构建一张都柏林的全息图。他承认："我想给出城市的完整描述，这样的话如果有一天城市从地球上消失了，人们还可以通过我的书来重建它。"

"这是一个大都市的整体模型和其中发生的一切的详尽档

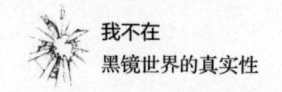

案。"玛诺总结道。这是一份可以随时查阅使用的档案，一份可以用来判断、规范、惩罚以及协调市民生活的档案。一份不知出于什么原因在今天或多少年以后可能会用到的档案。

有句老话说，如果你没有什么需要隐藏的，你就没有什么好害怕的。这句话变成了一种必然，一种自然的事实——因为我们再也没有什么需要隐藏的了。人类生活的每一个方面都必须在大家面前展开，就好像有人在评估、计算和使用它，好得出有关我们自己的结论。可能在未来某一天，这些结论会影响我们找到理想工作或获得贷款。无休止的监视便意味着无穷无尽的无形歧视，算法对我们有无可争议的控制权，它通过我们周围无数传感器来了解我们，并将这样的了解累加起来，确定我们应该拥有的权利和义务。

算法是依附在《黑镜》每个故事背后的幽灵，也是支撑起反乌托邦故事设定的前提。同时，它也是盘旋在我们社会上空的幽灵。像谷歌和脸书那样的在线服务一直在不断跟踪我们，像苹果手表（Apple Watch）和乐活手环（FitBit）那样的可穿戴设备、智能手机、互联网产品和智能城市也都在跟踪我们，而且那些倾向于管制的情报机构还总能随时使用所有这一切，我们大概能理解为什么西方世界会转而刮起独裁之风了。不仅如此，西方世界还面对着我们日常所见的犬儒主义和宿命论的混合体。就好像这是

第七章
无所畏惧

技术进步和人类历程的必然产物,而不是因为他们准确选中了新兴数据垄断者打造出的商业模式,也不是因为他们恰到好处地忽视了他们本应该遵守的规则。

美国国家安全局前员工爱德华·斯诺登(Edward Snowden)在2013年向世界揭露了美国情报部门实施的数字监视计划的广泛性和入侵性。他非常精炼地总结到,这些监视将把我们带到这样一个世界,在那里,控制者总是在无休止地监视,而被监视者似乎根本不在乎它。他多次提道:"人们认为你不关心隐私是因为你没有什么可隐瞒的,就像你不在乎言论自由是因为你无话可说。"

这不是个人偏好的问题,而是社会和政治的问题。当一个人以安全的名义放弃通信保密或言论自由等基本权利时,民主就得为此付出代价。事情就是如此。尽管许多人还不了解这件事,但斯诺登的呐喊仍具有历史意义,这件事可以引发一场激烈而又复杂的辩论,不仅涉及如何让监管尽量在尊重公民权利的前提下进行,而且也许最重要的是要讨论人们奴性地接受那些控制给个人、社会和文化层面带来的后果。

无论是助长担惊受怕的母亲们想要保护孩子的执念,还是在宣传中利用每个公民最微不足道的需求,抑或是想要通过网上的每封电子邮件和消息挫败下一次恐怖袭击,又或者是想要根据公

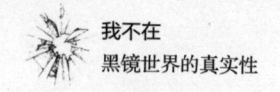

民健康的数据制定公共卫生政策，其危险因素都是一样的：数据应该由数据所有者从个人利益角度进行支配，而不是让机构以共同利益为出发点。

就因为这样，数据从公共决策者的强大盟友变成了一个理应被拒绝的暴君。数据变成了让人感到恐惧的暴君。我们只能徒劳地等待着，等到对每件事、每一个人的不断监视所提供的安全假象变成真正的安全。在此之前我们只能加强防御，筑起高墙，紧闭我们的嘴，让我们说什么、做什么就照说照做，像顺从的群众一样好好表现。并希望有一天奇迹会发生，所有这些监禁将使我们获得真正的自由。

第八章
联网者和幸存者

我不在
黑镜世界的真实性

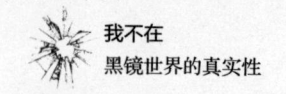

科技的梦想就是消失。这个梦想不是要放弃世界，而是要彻底征服世界；不是让我们断开连接，而是让科技在我们面前隐形，让我们意识不到我们永远联着网。

要做到这一点，科技必须无处不在，又无处可寻。在任何情况下，它都能随时向我们伸出援手，而不需要我们付出任何努力，也无须等待。它简单、快捷、直接，它必须能保护我们，而又不能现身。就像守护天使一样，它必须保持神秘和不可捉摸的姿态，同时又要做我们幸福的终极守护者。

几十年前，一台电脑曾经要占据一个房间，后来只需要一张桌子；现在，一副隐形眼镜就足够了。以前要想在路上听音乐，就得用到磁带或者光盘这样笨重的实体媒体播放器；现在，成千上万首歌只需要一个智能手机就能通过数字途径播放出来。

曾经，连接互联网是一场需要耐心又费时费力的冒险，付出远比打开无线网络开关要多。那时连接到网络意味着一种噪声，而不只是一个动作。这种噪声是忙于与服务供应商建立起连接的电话线发出的嗡嗡声，就像一种入会仪式，是通向一个神秘晦涩世界的大门，这个世界只有特定的少数人能懂，野蛮

第八章
联网者和幸存者

而荒凉。今天，我们可以无声无息地连上网络，不再需要管网络电缆，不再需要看难以理解的菜单，也不再需要填写难以理解的代码和数字。现在只有无形的庞大云空间，这里收集了无数有关我们的数据，不知道是谁从哪里收集来，要用来做什么事的。但这些收集者的形象都是众所周知的，让人感到熟悉和亲切，他们是脸书的新闻推送，是谷歌的主页，是亚马逊的搜索栏。这些都是现在我们认为除了我们生活的家以外最像家的地方。

网络已然成为一个家园，一个集体的大脑。人类在这里聚集，然后又分成不同的群体，但是其本质也是一种数据。网络是当下存在的一种事物，而且人们理所当然地认为网络必须存在，它渗透我们生活的方方面面，仿佛我们身体的一部分。因此，它必须得体，因为如果我们需要不断接触并共同生活的伴侣大大咧咧，喋喋不休，每时每刻都需要关注，还不断地弄出我们无法逃避的问题，那我们自然无法与之共同生活。

这就是网络技术的现实，一旦人类醒悟，科技想完全隐形的梦想就破灭了。除了其本身是无形的，网络、社交媒体以及它们带来的一切在我们的生活中都显而易见。

你问有数据吗？80%的人醒来后都会先查看智能手机。一半的人声称看完手机后会继续睡觉。在过去的10分钟里，就有34%的人

169

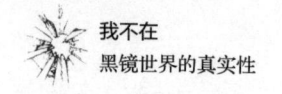

登录了脸书。

根据应用程序侦查员（Dscout）的数据，我们平均每天要看智能手机2617次；最沉迷手机的用户（约占总用户的10%）看手机的次数则翻了一番。四分之一的美国人坦率地声称自己几乎一直在线，而在青少年中这一比例则上升到了45%，他们得名"屏幕少年"并非偶然。仅在3年前，这个数字只有现在的一半。然而他们也并不总是快乐的。

技术不再沉默地做它们的脏活，而开始长篇大论。许多技术开始不再愿意只听用户的声音。在英国，60%的手机用户表示，他们憎恶在智能手机上花太多时间。根据德勤（Deloitte）会计师事务所的一项调查，有1550万人承认自己使用手机的时间过长；但是，如果将调查的范围从所有人口缩小到16~24岁的年轻人，后悔过度使用手机的人数比例就会从38%上升到56%。

许多人已经意识到沉浸在电子产品中会对亲子关系、夫妻关系或朋友关系产生影响。很多人试图克制自己，却失败了。在德勤调查的英国人中，超过30%的人都未能成功。

简而言之，虽然我们厌倦了总是在线的状态，但我们却也无法断开自己跟网络的连接。我们就像瘾君子一样，但是想要戒掉这种瘾很困难。如果说上网是轻松直接的，而且还是件很自然的事情，那么反过来，断开与网络的连接会是一项巨大的工程，需

第八章
联网者和幸存者

要我们付出时间、努力和技巧。

我们已经无从得知我们在什么时候开启了脸书或推特的第一个主页，但今天我们身边似乎逐渐出现了两种类型的人：联网者和幸存者。有的人被网络信息的无尽喧嚣所淹没，有的人则找到了抵抗的办法。当然，事情原本不应该是这样的。当时的许诺甚至与现在完全相反：联网是救赎的近义词，而不是反义词。硅谷这个乌托邦还有脸书、谷歌、亚马逊这样的巨头，他们的目标是要给人类赋能，让人们的生活更加舒适和高效，改善人际关系，根据更加平等的参数重新设计民主和经济。在这里，哪怕你只有想法，也可以与世界上其他人平等竞争。

天堂就在那里，与我们只隔着一次点击。直到我们最终跨进了门槛，我们才意识到，等着我们的是一片混乱的说话声、尖叫声、喇叭声、推搡声，人潮让我们无法继续这段旅程，幸福成了一个唾手可得又遥不可及的目标。

主宰我们数字生活的那些人，他们早已清楚这个悖论，所以很多巨头不仅要把这个悖论整合到营销策略中，还要把它整合到公司使命中。一方面，他们其实是在要求我们相信他们的数字神义论，认同这理论所宣称的"在所有可能的世界中，最好的世界是一切都连接在一起的世界，每个人只是网络中的一个节点，这样便能够最大限度地提升智能、参与度、效率和福利"。另一方

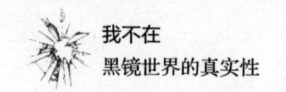

面，既然我们现在确实已经连接在了一起，他们又要求我们耐心等待，等到以后他们的技术发展完善了，我们就不用被他们的一个个突然冒出来的消息提示淹没了。

另外，他们利用了我们心理上的弱点来开发软件，刺激和成瘾症一样会激活的愉悦中枢，让我们在每次出现消息提示时释放多巴胺（消息自然是红色的，因为这样你就会注意到）；他们还承诺大量使用药物来重新平衡我们现在已经完全不平衡的生活，而我们现在的生活中，线下世界似乎是线上世界的附属物。

当然，科技巨头会告诉我们，如今人们的认知能力、注意力、记忆力和专注度似乎都淹没在了不断冲击着每个用户海岸的大数据浪潮下。但在不远的将来，你就能够在这片大海中畅游，甚至都不会意识到水的存在，因为数字之水最终会变成透明的。而我们将会长出在水中自由呼吸的鳃。

换句话说：如果今天社交媒体让你筋疲力尽，那是因为它们还不够聪明。当它们足够聪明时，通信技术将变得无形、不可察觉。它们会从你的生活中消失，并且会根据你的最佳利益需求不断地引导你的生活。

因为总会有一个你可以向它提出各种问题和请求的虚拟助手，你能像跟朋友和同事交谈那样和它交流，而无须使用计

第八章
联网者和幸存者

算机的语言；它能帮你办好所有事情，而且会做得越来越好。在不远的将来，它可以通过不断的学习逐步了解你，从而变得足够聪明，甚至在你尚未开口说出需求之前，它就能知晓你的需求。

电子邮件可以自动写好；只有在你真正需要的情况下，能够带你开出堵车路段的有用信息才自动出现在你的视野中。这将是一个可以区分必要工作和不必要的工作的软件，而且它只会告知你必要的信息。

"你为什么要亲自动手呢？让谷歌来做吧。"这是山景城（Mountain View）巨头谷歌最近的一句广告语。这句广告语无意中呼应了情景喜剧《辛普森一家》的一集中，霍默·辛普森（Homer Simpson）临时担任斯普林菲尔德（Springfield）公共卫生官员时的发言："别人就不能做吗？"

毕竟，这是谷歌首席执行官桑达尔·皮查伊（Sundar Pichai）在2017年向《卫报》提过的"根本性概念转变"：从一家专注于手机的公司转变为一家专注于人工智能的公司。首先，移动互联市场已不再占有统治地位，人工智能将后来居上。如果人工智能变得真正智能了，并且存在于一切事物中，交互就会变得连续而自然。因为我们可以和电脑对话，把自己从键盘和打字的束缚中解放出来；因为电脑将会跟我们共享我们的眼睛，它们可以时刻

173

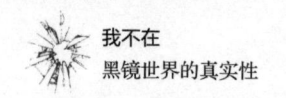

不断地和我们一起看世界；因为计算机会像人脑一样为我们理解世界。

它们将成为"另一个人"。

不管是在大脑内部还是在眼球上，是在身体上还是在墙上，抑或是在汽车仪表盘上或是驾驶室里，这些都不重要，重要的是将我们彼此连接起来的技术在某个地方消失了，变得无形了。

它们无处不在，因为它们不在任何地方。但是，如果这个乌托邦真的实现了，我们该怎么办呢？如果我们受到实时数字攻击，我们又该如何在呼吸困难、视力模糊的情况下存活下来呢？

硅谷又一次强调，你们必须信任我们，要利用我们的工具来达到减少使用我们的工具的目的。这是出现在2018年的真实新闻。某些人认为，在特朗普当选后，这条新闻应该跟网络上有关"假新闻"和虚假信息的话题一样，在公开辩论中享受同等对待：突然之间，网络巨头希望我们少接触网络（至少有这种倾向），并且在使用他们的产品和服务时更加负责。在宣传了"科技应该成为人们生活中的绝对存在"几十年之后，他们似乎突然开始真心关注自己提供的工具能不能帮助我们远离科技了。

当然，他们这是在展现必要的品德，打造品牌只是保持正

第八章
联网者和幸存者

直形象的手段。而公众舆论和政治观点都愈发倾向于认为，很长一段时间以来，人们都忘记了评估针对乌托邦开出处方的用药禁忌。

这也是硅谷自成立以来便存在的慈善精神的自然延续。因此，其标志思想便是获取利润的出发点始终应该能够回归到企业应对大众负起的广泛社会责任。因为如果将人类比作同一连接中的不同节点的集合，那么担心较弱的节点则是件很自然的事情。这对每个人都有好处。这就是为什么谷歌会在成立时因其著名的明确义务"勿作恶"而名声大噪；这就是为什么马克·扎克伯格和他的妻子普莉希拉·陈（Priscilla Chan）会捐赠数十亿美元，希望用一个世代的时间就研究出治疗、预防和管控所有疾病的办法；这就是为什么微软创始人比尔·盖茨会成为全球慈善事业的标杆人物。数字化让我们成为一体，而且必须是健康的一体。

扎克伯格透露，脸书目前的主要目标之一是"确保人们花在脸书上的时间是值得的"。后来谷歌和苹果也采用了同样的措辞。想要说服世界上的每一个人都相信，如果不使用他们的这些服务，世界就会变样，这种说辞的效果已经不够了。我们还必须关注这些服务的"数字福利"、在线生态系统的"健康"以及生活在其中的人们。扎克伯格说，互动不仅要有趣，还要有意义，

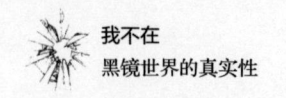

能够对人们实现目标和保持个人平衡起到积极影响。

谷歌声称:"一项伟大的技术应该改善生活,而不是让我们分心。"谷歌推出的一系列选项和工具允许每个用户更好地掌握自己在哪些应用程序上花了多少时间,方便用户限制软件的使用时间,在一天中的特定时间段减少消息通知,或强制用户休息一下。

如果我们真的身处一个永远在线的世界,那便意味着我们很难断开连接,即使与谷歌断开连接也很困难,反而是谷歌自己在提醒我们需要不时地断开连接,因为断开连接仍然很重要。皮查伊说道:"现在的社会要求我们对任何事情都要立即做出反应,这样的压力越来越大了。人们总是焦虑着,想要随时掌握外界的所有最新信息,患上了错失恐惧症[1](FOMO,Fear Of Missing Out),他们害怕错过。"他们害怕错过一些东西,害怕就因为那一次没有滑动屏幕,导致他们错过了成功或幸福的关键。这就是谷歌通过创造"错失之乐"(JOMO,Joy Of Missing Out)想要颠覆的感觉,错失之乐即错过的快乐、缺席的快乐、失去的快乐、偶尔一次不被需要的快乐、与世界的

---

[1] 一种普遍存在的担忧,即人们普遍认为,自己缺席的时候,其他人可能正在获得有益的经历。这种社交焦虑的特点是一些人希望一直知晓其他人在做什么。——译者注

第八章
联网者和幸存者

情绪断开连接的快乐。

同样，苹果也试图通过在其手机操作系统中加入屏幕使用时间等功能，给用户提供一种简单明了的方式来管理他们在设备上所花费的时间。因为科技太诱人了，它是一种我们无法抗拒的歌声，除非有其他技术可以堵住我们的耳朵。这家价值上万亿美元的公司在官网上写着："这些应用程序帮助我们做了那么多了不起的事情，以至于有时我们可能没有意识到我们使用它们有多频繁。"因此，苹果智能语音助手Siri会使用语音给出建议，让你尽量无须付出努力便能了解通知和提示的内容；或者说一旦了解了我们的日常习惯，它就能帮我们节省时间，比如，如果你经常在上班路上停下来买点吃的，它就会注意到这点，一到时间，它就会提醒你。

这是一个焦虑始终存在的世界，人们一直想要摆脱抽象和神秘的偶然事件。人们对政界人士通过推文进行的辩论以及通过算法快速执行交易的金融操作都有着莫名的狂热，与此同时，人们又要求要慢下来、要自然。在这个世界中，即使是为了冥想和自我完善，人们也会诉诸其他应用程序。从苹果公司2017年评出的年度最佳应用程序静静（Calm）、顶部空间（Headspace）、幸福多一点（10%Happier）、简单习惯（Simple Habit）和呼吸（Breath）可以看出，现在大家都在谈论冥想应用程序市场，这

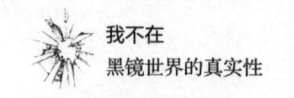

个市场在过去12个月就增长了170%，营收达到了2700万美元。

我们连接得越是紧密，分离的形式和手段就越发重要。不断增长的"断开电源日"，呼吁大家将一整天都花在数字世界之外。给需要"数字戒毒"的人提供服务的机构也在激增，帮助人们摆脱网络、游戏和社交媒体的诱惑。不仅如此，人群中正蔓延着一种更加普遍的怀旧情绪，怀念一个技术不存在的神秘过往，在这样的世界，每一个动作都不是人造的，而是自然的；每一次交流都不是虚假的，而是真实的；每一种艺术都是人类精心创作出来的，而不是一行行代码可以无限复制的。

这比卢德主义（luddismo）更糟糕，卢德主义至少有一个明确的目的：保护人类劳动成果及人类劳动的权利，反对企图用机械劳动力来取代人力的想法。机器不知疲倦，也不会犯错，其本质也决定了机器无法推选出工会代表。而现在人们的这种对联网的抗拒态度却十分普遍，甚至没有激起任何真正的抗议。

问问扎克伯格吧，他甚至宣布过，要以用户真正在意的人的名义，以用户的家人和朋友为出发点，改变脸书的算法，主动打压那些只是为了炒作但实际却无关紧要的内容。从某种意义上说，这算是回归初心的一种形式。

这位脸书创始人在2018年1月12日曾写道："我预计人们花在脸书上的时间和一些参与度指标会下降。"事实证明他是对的，

第八章
联网者和幸存者

因为仅仅两周之后，也就是在实施了这些整改之后，脸书的每日活跃用户数量第一次出现了下降，其中，美国和加拿大的用户减少了70万。6个月后，这家社交网络公司第二季度的业绩低于预期，导致其单日蒸发了1200亿美元的市值。

然而，对扎克伯格来说，这一趋势最终将被逆转。他曾在同一篇帖文中写道："我预计人们真正花在脸书上的时间将带来更大的价值。如果我们做的是件正确的事情，我认为这将有利于我们的社群，从长远来看，也有利于我们的业务。"

很难说层出不穷的丑闻、法规、制裁以及用户身上普遍存在的疲惫是否足以将脸书推向终结。但即便脸书真的会被推向终结，我们也很难想象，这意味着我们想要永远保持在线的愿望也将终结。因为，不管有没有脸书，我们可能已经断开连接了。至少我们想要这样做。现在我们也有工具可以让断开连接这件事变得非常简单。然而，我们却不会真的这样做。

《黑镜》这个虚构的世界则把形势又向前推进了一步。在那里，尽管技术无处不在，我们的身体内外都存在着科技，但可以说，科技已经真正地消失了。在这种情况下，人们已经没有必要想什么办法来逃避数字化了，因为不知道要逃避的是什么。而且这个世界上无论如何也没有可以逃避的避难所。

在布鲁克的反乌托邦中，始终在线的人从未断开过连接。显

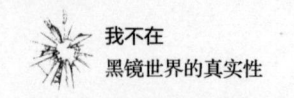

而易见，他们只能这样做。他们不可能变成其他样子，因为连接技术已经突破了身体的壁垒，攻入了人的感官和感知。

从这个角度来看，《黑镜》是一个由半机器人组成的世界，而不是完全由人类构成的社会。然而，半机器人却保留了人类所有的弱点。从他们有多么容易被科技所蒙骗就可以看出：技术将自己包装成了简单便捷、中立又完美的模样，甚至可以说它是美的，一种抽象、简洁又清晰的美，就像20世纪90年代在苹果产品全线崩溃后令其涅槃重生的那种美。

你们要注意看。在每一集不同的故事里，不变的东西只有一个。剧集中轮番上阵的科技设备许下了令人惊异的承诺，同样令人惊叹的还有设备的硬件系统，因为硬件已经可以做到瞬时、无痛、难以察觉。对于《卡利斯特号星舰》（*U.S.S. Callister*）一集中那个沮丧的创业者来说，只要把一台按钮大小的电脑植入太阳穴，就足以让他的幻想鲜活起来。他创造了一个幻想世界，他在这个世界里扮演了一个残酷的暴君，统治着他的同事们。同样这种设备也足以让人进入《圣朱尼佩罗》（*San Junipero*）中的虚拟永生。

在《大天使》（*Arkangel*）一集中，萨拉这个一直处在母亲监控下的女孩漫不经心地看着一部卡通片，她右边的太阳穴还安装着一个点击一下就被植入身体的监视设备。我们也可以使用强大

第八章
联网者和幸存者

的增强现实系统,将《终极玩家》(Playtest)一集中主人公的噩梦变成现实:只需触摸一下,硬件就被完美地植入了脖颈处,不会有一滴血流出。智能手机也被缩小到理想尺寸。一块透明的塑料只需要一次触摸或耳语,就能不知疲倦地执行每一个命令,从不失误。

即使是剧中所有代表着邪恶的设备都有着无害的外表,比如《黑镜:圣诞特别篇》中的意识副本,它们有一种我们永远不会将其与酷刑工具联系在一起的单纯气质。这一点至关重要,因为一名年轻女子之所以会同意将自己意识的复制品移植到蛋型盒上,使其成为一个真正智能的虚拟助手,其原因就在于出现在她面前的是一个中间散发着柔和蓝光的完美白色蛋型盒。这一约定并没有说明虚拟助手会处于一个什么样的境地,她不知道虚拟的自己会被困在一个电子设备的电路之间,哪怕这个设备十分惹人喜爱;也不知道她的意识副本最终只能永远服从有实体的自己的命令。如果一个酷刑工具看起来并不像中世纪的拷问刑具,那么人们就更容易纵容自己享受施暴的过程。

这里传达的信息很微妙,但很有力。即使以上设想均实现了,硅谷无形的乌托邦也将很快变成反乌托邦。如果数字巨头们如今仍只能遥望的技术永远无法做到无声无息地隐形,那么人们也将一直能意识到永远保持在线的害处。

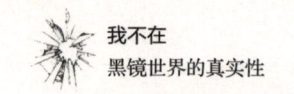

的确，智能装置将成为人类和生物的一部分，成为我们体验世界时的一部分。无论是受害者还是加害者，好人还是坏人，《黑镜》的主角都已经无可救药地连上网络了，对他们而言，戒断数字化或数字福利已经是无法想象的了。他们不再有断开连接的自由，不再有记录记忆的自由，不再有决定他人能否读取自己意识的自由，不再有摆脱噩梦般的虚拟世界的自由，也不再有逃离母亲或国家远程监控的自由。现在，一旦设备安装上了，所有的一切都将变得非常自然，就像呼吸和作诗这样人类与生俱来的能力一样。

因为这种设备安装起来很简单，但是拆卸起来却很复杂。它一直在给出无数漂亮的承诺，可如果无人监管这些承诺，更有甚者，如果出现了反人性的可怕副作用，事情将完全无法补救。

完美、稳定、纯净，每一个工具都变得不可知。工具的操作越简单，就越难理解是哪些算法和电路让它变成了这样。你不需要《黑镜》来说服自己，只要想想25年前在个人电脑上启动一款电子游戏需要具备多少专业知识，而今天又需要多少（其实完全不需要任何知识）你就明白了。曾经被称为即插即用的游戏一开始看起来就像一场革命，但在多年后也展示出了其糟糕的一面。因为只需要插入就能启动一个应用程序或连接

第八章
联网者和幸存者

两个设备，但不幸的是，如果出现了接触不良的情况，更有甚者，如果产生了令人不安的意外后果，我们根本无从得知还能做些什么来补救。

我们依赖那些我们一无所知的工具，它们越来越隐形化，越来越跟我们融为一体，且毫无存在感。包装里的使用禁忌不见了，人们甚至根本没有描述这些禁忌的能力。

只要人们还连着网，欺骗自然也就不会消失。但是，如果有一天，互联网消亡了，事情又会如何呢？布莱恩·沃恩（Brian K. Vaughan）在一本名为《私家侦探》（*The Private Eye*）的图像小说中畅想了这一幕。这部图像小说出版于2013年，也就是斯诺登丑闻爆出的那一年，它讲述了主人公2076年在洛杉矶的生活，故事发生在"大洪水"事件的几十年之后。"大洪水"事件指的是，突然有一天，存在于云端中的所有个人数据都变成了公共数据。

在2011年提出这个想法时，沃恩这样描写："没人知道这是一场意外、一次宣战，还是天意，但连续40天40夜，信息从云端落下，如雨水倾泻在全美国。"

洪水没放过任何人。"这像是对全人类的一场维基解密，"漫画家写道，"我们所有的医疗记录、信用卡数据、电子邮件账户、密码、学校成绩、捐款、手机信息、卫星定位、脸书的照

183

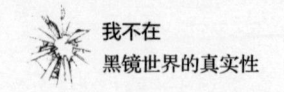

片、亚马逊的匿名评论、在线搜索历史、尴尬的播放列表、纳税申报、未完成的小说、删除了的图像编辑文件、推特私信、交友网站资料、论坛上的宣泄、克雷格分类网站（Craiglist）的广告、喝醉酒后发给前女友的可悲短信，所有人都能随时看到这一切……你的员工、邻居、爱人，或者只是好奇的陌生人。"

作为应对，人类社会决定放逐网络，使其成为过去的回忆，而这场灾难迫使每个人在公共场合都习惯性地用伪装来掩饰自己的身份。故事主要聚焦无处不在的监视和我们之前谈到的隐私的终结带来的影响，但其中一个角色尤其令人感兴趣——主人公的祖父。他的名字就是"老人"。这个90岁的爱尔兰人是一名上了年纪的嬉皮士，带着已经生锈的穿环，文身已褪色，这样的形象虽然怪诞，却有效地体现了一个超链接时代的年轻人在不得不突然永远断开链接后会是什么样子。

突然，互联网和社交媒体消失了，再也没有了，永远结束了。

也许像他一样，人们的第一反应会是发了疯似地寻找网络覆盖的范围，一次又一次地寻找，哪怕网络信号已经消失了60年。或者是试图和你的脸书好友交流，即使到那时脸书在半个世纪前

第八章
联网者和幸存者

就消失了。或者当所有网站都不复存在之后,仍试图在白页①网站上搜索姓名和姓氏。

我们同辈的年轻人,就像虚构未来中的洛杉矶老人一样,可能会继续表现得好像互联网和社交媒体仍然存在一样,只是由于故障暂时无法访问。

"老人"被隐私终结的负面影响逼到了绝路,每当提起"大洪水"带来的无尽丑闻,他就会像个老人一样愤怒地极力否认:"我过去常常分享很多东西,因为我的生活完全一目了然。我这一代人对我们的身份感到自豪。"他会先这样说,然后又重复那句老生常谈的口头禅:"我们没有什么要隐瞒的。"他是如此顽固,以至于即使在一个戴面具是常态的时代,他也会拒绝戴面具。

大部分互联网时代的产物,都将被移除,而且是强制移除。在此背景下,沃恩将这位老人刻画为一个由于长期服用治疗注意力缺陷药物而变得虚弱的人,同时还不肯放下多年没有连上网的黑莓手机。

这是一个充满了讽刺意味的编年史,讲述了今天那些自愿断网的人的故事,他们断网的时间或长或短,断网的意愿或高或

---

① 在美国和加拿大地区的一项网络服务,可以查询个人的联系方式,类似于过去的电话黄页。——译者注

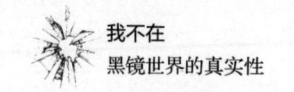

低。例如，2018年7月《纽约时报》的一篇报道："当索菲试图远离手机的第二周，她的身上开始出现奇怪的事情。"一位同事的16岁女儿是她的实验搭档。她们必须努力遵守自己定下的对互联网和社交媒体使用的限制，为期三周。看看这是否真的有助于减少她们对屏幕的依赖。周二，索菲耗尽了在线时长，无法继续玩心爱的照片分享应用程序色拉布了，这位屏幕少年向母亲承认，她感到烦躁和愤怒。此时此刻，记者还并不明白这是为什么。直到后来，他说道："她告诉我，她意识到自己经常解锁手机，然后面无表情地盯着应用程序的图标。"这样才能既做到了玩手机，又避免了消耗屏幕使用时间。

"这对我来说只是一种习惯，"索菲说，"打开手机，无所事事。我只是看着屏幕，仅此而已。"

这也许真的只是一种习惯，但要想不再重复一种习惯也并非一件寻常事，毕竟在此之前，我们每天大约要重复150次这种行为。很好理解，索菲和《私家侦探》中的那个老人一样，他们在一段时间内都无法接受互联网这个让他们分心的玩具已经坏掉了。因此，听从自己心中否定这个事实的声音会更容易，并继续服从这个已经毫无意义的习惯。

索菲说："仅此而已。"但智能手机现在已成为一种幻肢，它不仅是我们身体的延伸，也是我们大脑的延伸。我们相信，它

第八章
联网者和幸存者

始终与我们相连，始终活跃，并致力于计算一切。在这样亲密的关系中，如果失去了它，你会觉得自己残废了，感觉自己不再完整了。人们已经丧失了一些基本的能力，因为人们只需点击一下鼠标就能获得所有的信息，即使独自一人时也能拥有社交生活，点击一下鼠标马上就能获得各种无限的免费娱乐。

为什么这一切不应该成为我们的一部分呢？我们为什么要放弃呢？只需要找到合适的平衡点就行，对吧？带着这样的疑惑，索菲又解锁了手机，看着无法启动的应用程序陷入了沉思。

第九章
结束之后，才是开始

我不在

黑镜世界的真实性

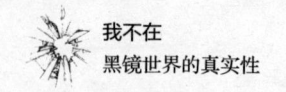

构想世界是改变世界的一种方式。正因为如此，6月的一个下午，我在纽约法学院的一间教室里，在互联网和民主领域最重要的国际专家论坛，和人们讨论着科幻小说。

这个研讨会大约有30人出席，与会者来自世界各地。我来自意大利；达科（Darko）坐我旁边，他来自波黑的萨拉热窝；其他人分别来自喀麦隆、摩尔多瓦、智利和加拿大。那一天是2018年度个人民主论坛的第二天，也是论坛的最后一天。这天是周五，午餐过后我们所有人都感觉很疲惫，但注意力却高度集中。讲台上有6名作家，他们要求我们想象很久以后的、遥远的，甚至不可能的未来。

我从来没想过我会出于工作原因做这件事，但是他们让我想象一个这样的时刻：人们解决了民主进程的公正问题，政治找到了解决气候变化的办法，经济可以解决不平等问题，医学能够攻克每一种疾病。想象一下，在未来，我们可以实现永生，或者随时随地都被新的铁蹄意志压迫着，就像美国著名作家杰克·伦敦（Jack London）的书中所描述的那样，铁蹄一次又一次地把我们的头按在地上。

我们可以想象任何东西，只要里面包含不可想象的东西。我

第九章
结束之后，才是开始

们有1小时，4~5人为一组，每个团队共同创造一个关于未来的愿景，以及当前人类文明如何实现这一目标。黑板上出现了一张年表，我们需要用想象的日期和事件将其填满，比如，发现了可以让人青春永驻的基因灵药、第一次接触某个更先进的外星种族、发明一种允许人们探索外太空的推进器、第一次出现真正的人工意识，或者其他更难以察觉、更机智的技术变革；比如，《黑镜》每一集里出现的那些看似微不足道或无法察觉的进步，但它们却能对社会秩序和个人的心理平衡产生毁灭性的影响。

这个民主游戏不用考虑任何法律责任，这个想法令我着迷的同时，也让我感到恐惧。因此，我与朋友和另外两个同事一起开始了我们的工作。我们起草了一个时间表，假设一个外星文明的到来终结了民主和政治，并逐步证明这个文明确实知道该如何解决人类的所有问题，如何为尽可能多的地球人带来最大利益。

我认为，只有外星人才能把政治想象成一场没有错误、妥协、阴暗面、秘密和搪塞的游戏。要想消除一个开放社会的不确定性，唯一的方法就是封闭这个社会，只能祈祷来到地球的清道夫心怀仁慈。我一再尝试把支撑整个故事的前提传递给围坐在同一桌的朋友和主持人，但这并不容易，并不是每个人都同意我的观点。更不用说，在这种不可思议的非人道主义事件中，与之相关的地缘政治、社会和媒体的所有细节仍有待讨论。

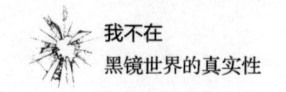

就在那一刻，我想起了早上在楼下大厅里听到的对话。按照计划，在众多不同的构想中，首先发言的是马尔卡·奥尔德（Malka Older）。作为一名人道主义援助工作者和研究员、科幻小说家，奥尔德有一个不同寻常的写作习惯，那就是她作品中的每一页都体现了她对于数字和民主的认知。这就是为什么她会站在台上，面对着包括世界民用科技领域精英在内的观众的原因。这些精英们聚集在这里都是为了探讨如何让技术最终能够为集体利益服务的问题。因为她传递了一个颠覆性的信息——构建幻想世界可以成为政治和公民行动主义的有效工具。

在她的演讲中，她解释了为什么构想世界可以改变世界。她说，当我们不知道该如何改变世界时，当意识形态死亡、算法统治世界时，当我们似乎无法制订任何替代方案时，我们必须回归幻想。"我们需要构想可能出现的其他未来，因为它们能提醒我们，我们现在生活的世界还可能有别的样子。"

这位女作家把将想象力用在政治中的做法称为"构想抵抗"。这种做法在一定程度上回应了文化理论家马克·费舍尔（Mark Fisher）所提出的"资本主义的现实主义"这一概念中总结的警示。也就是说，当代人甚至都无法想象资本主义的终结，因此也无法想象社会能够演进出一个能取代资本主义的社会经济系统。这种担忧在激进的进步人士中非常常见，对此奥尔德反驳

第九章
结束之后，才是开始

道："曾经有一段时间，人们也无法想象封建主义的终结，就像今天的资本主义一样。"

相反，黑暗时代之后是启蒙时代，理性取代了魔法。或许我们甚至可以想出一个关于社会进步的构想，这个构想有别于硅谷巨头们所宣扬的不可避免的构想。然而，要做到这一点，幻想必须被清晰地表达出来，让大众能够理解。要将幻想转变为历史、叙述和故事。从这个角度来看，我们是幸运的，因为今天，历史、叙述、故事无处不在。它们包围了我们、说服我们、引诱我们、爱我们、恨我们，它们是空洞权力核心的残余。没有什么艺术形式比讲故事更古老了。

这意味着想象出整个世界，但最重要的是想象细节。预设场景和后果，与虚构的角色共情，他们个性的细微差别必须有说服力，是真实的、人性化的。因此，构想这个世界的人还需要理解人类的个性、痛苦、愿望、情感，还有失败。

尤瓦尔·诺亚·赫拉利（Yuval Noah Harari）在畅销书《智人》（*Sapiens*）中写道："要改变现有的假想秩序，我们只能先相信一种另类假想秩序。"奥尔德为此发表了一份宣言，并在一次讲话中引用了它，毕竟，这是一种对抵抗的呼吁，对武装的呼吁。

这就是为什么几个小时后，我发现自己开始思考后民主时代的外星人和遥远的未来。因为今天我们常常相信我们生活在一个

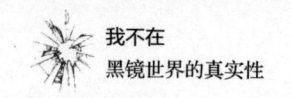

反乌托邦中。从词源学上讲，反乌托邦是一个我们不想去的糟糕地方，但是我们无法想象该如何逃离这里。

如果科幻小说真的给我们指明了方向呢？

十多年前，我提出了一项关于反乌托邦的研究提案，我还清楚地记得当时沮丧和失望混杂的感觉。"这个问题没什么可讨论的，过时了。"知情人士告诉我。如果我真的花了很多年来研究它，那我现在可能真的跟不上时代了。

我没有努力去争取。但这就是我犯的错误，因为正相反，正是反乌托邦本身给了我们优先进入这个时代的特权。它是解开问题的密码，是这个时代最好、最有说服力的故事。想想这类书中的经典之作，它们在出版几十年后，总会出人意料地不断重回畅销书榜首。

在斯诺登首次披露美国和英国的情报机构监控大众的数字项目之后，奥威尔的《一九八四》在2013年6月被惊恐的读者迅速推入亚马逊美国销售排名前100名，在英国甚至排到了第52位，实现了5771%的惊人增长率。

不到4年后，这本书的销量再次暴涨。2017年1月22日，特朗普刚刚入主白宫。当时的发言人肖恩·斯派塞（Sean Spicer）一开始的表现就很糟糕，他在出席就职典礼的人数上对媒体撒了谎。更糟糕的是，在接下来的几个小时里，竞选经理凯莉安

第九章
结束之后，才是开始

妮·康韦（Kellyanne Conway）在为斯派塞辩护时用了典型的奥威尔式措辞：斯派塞没有说谎，只是列出了"另类事实"（i fatti alternativi[①]）。

拼命试图重新找回采访者的理性是徒劳的（另类事实不是事实，它们是谎言），公众现在已经确信，摆在他们面前的是"官腔"的实例，是一种双重标准。随后，奥威尔的杰作《一九八四》在亚马逊畅销书榜上冲到了第一，在苹果电子书应用程序iBooks中排名第六。仅在三天后，企鹅出版社的一位发言人告诉美国有线电视新闻网（CNN）："我们本周加印了75000册，远超平日。"就在两天后，这本书实现了950%的销售增长。

不过，在那段时间里，其他反乌托邦作品的销量也在随之增长。许多人认为，奥尔德斯·赫胥黎的著作《美丽新世界》比其他人的作品更能抓住当代权力的本质，这本书也回到了畅销书前十名，而雷·布拉德伯里（Ray Bradbury）的反乌托邦小说《华氏451度》（*Fahrenheit 451*）销量升至第15名，然而具有讽刺意味的是，书籍在这本小说中却是违禁品。

被遗忘的旧作品也重新回到了人们的视野中，比如辛克莱·刘易斯（Sinclair Lewis）的《不会在这里发生》（*It Can't Happen*

[①] 原英文为 alternative facts。——译者注

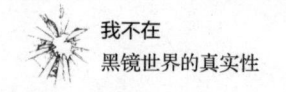

Here），作者在1935年为美国设想了一位未来的权威领导人。

其他电影改编作品也很盛行。比如讲纳粹瓜分美国的架空历史剧《高堡奇人》(The Man In The High Castle)，还有由菲利普·迪克（Philip Dick）的短篇小说《电子梦》(Electric Dreams)改编的同名英剧也在亚马逊金牌会员视频上获得了成功。在玛格丽特·阿特伍德（Margaret Atwood）1985年的经典作品《使女的故事》(The Handmaid's Tale)改编而成的同名电视剧中，神权政权被重新解读，女性变成了奴隶和生育机器。这部影视作品深受大众喜爱，甚至把小说原著也推向了销量榜首。

总而言之，新闻才是文学。现实需要幻想加以诠释。世界各地的报纸都在报道那些具有威胁性的秘密监控项目，这些项目在悄悄收集和处理整个国家的数据，在这种情况下，读者会感到有必要回归到那种他们像主角一样能完全控制个人和社会的故事中去。当世界上最强大的国家选出了一个更习惯于像真人秀评委那样冲动发言，而做不到像政治家那样耐心妥协的亿万富翁当总统时，选民们再次相信，他们有必要了解一下那些最疯狂的民粹主义故事中虚构出来的结局。

这些虚构结局中的景象已经无处不在了：一次网络攻击突然导致大规模停电或者破坏了一个偏远的发电厂；人们身边都是随时联着网的东西，所有黑客攻击都能轻易破坏这些物体；人们完

第九章
结束之后，才是开始

全依赖数据，导致数据所有者拥有不容置疑的暴政权力；某些国家的选举被操纵舆论的政客和躲在暗处的境外势力破坏；更普遍的是，我们总是能够监视别人，也总在被别人监视。

反乌托邦这种捏造出来的故事之所以能引起我们的兴趣，是因为即使是新闻也是由故事组成的，是由沿着故事线发展的叙事组成的。这些故事都有一个共同特征：故事的结局都不是幸福的结局。但我们真的能确定反乌托邦就只是想象中的世界吗？如果我们不仅仅把它理解为一种文学体裁，那这会是一个至关重要的问题。如果幻想的内容完全与现实不沾边，那它便几乎无法改变现实。当然，即使是对遥远未来最天马行空的想象也能教给我们一些事情。但如果我们要求科幻小说帮助我们想象一个更美好的不同世界，却是另一回事。我们想要的是对未来同时充满愿景和焦虑，没错，现在就要。

否则这种行为纯粹就是在逃避现实。虽然逃避是有用的，也是高尚的，但它无益于让人们停止这种渴望。更确切地说，我们仍旧把现实视为敌人和牢笼，而它使我们成了逃离牢笼的囚犯。

从这个角度来看，"反乌托邦"的各种传统定义都与此无关了。牛津词典将反乌托邦定义为"一个虚构的国家或社会，通常为极权主义或末世主义，其中存在着巨大的苦难或不公"；而

197

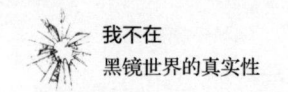

柯林斯字典给出的定义则是"一个虚构的世界,其中发生的一切都糟糕至极";自由词典认为这是个"由于存在剥夺、压迫或暴政,生活条件极其恶劣的假想世界或国家";韦氏词典则将反乌托邦描述为"一个虚构的世界,那里的人们过着没有人性的生活,通常非常恐怖"。

这些定义的细节各不相同,但在所有定义中都有一个词——虚构。反乌托邦的定义都描述了一个虚假的、不存在的、幻想中的地方。但事实恰恰相反,反乌托邦是对当下的讽刺,是通过虚构来描述现实。它之所以在大大小小的屏幕上、网络上和书店里能取得如此巨大的成功,是因为这些故事里的主角不是蒙塔格[1](Montag)或温斯顿[2](Winston),而是我们所有人。

当然,从字面上看,他所描述的世界并不存在。在英格兰的历史上,没有英社[3](IngSoc),也没有像叶甫盖尼·扎米亚京(Evgeny Zamyatin)影响深远的著作《我们》(*We*)中那样,战后用一堵"玻璃绿墙"(Muraglia Verde)将人类文明围了起来。然而,如果反乌托邦的概念存在并且吸引着大众,那一定是因为

---

[1] 《华氏451度》的主人公。——译者注

[2] 《一九八四》的主人公。——译者注

[3] 即英国社会主义党(The English Socialist Party),是《一九八四》中大洋洲极权政府的虚构政党。——译者注

第九章
结束之后，才是开始

另一种更深层次的意义。反乌托邦吸引人的点不在于它把世界上所有可能发生的不幸都放在了一起，而是因为这种叙事技巧能够让人重新构想当下。

奥尔德会说，反乌托邦是"构想抵抗"。这是一个反事实、重假说的角斗场，我们似乎根本就不应该提到"如果"和"但是"这两个词，不过它们已经出现在我们嘴边。意料之中的是，查理·布鲁克总是有意借《黑镜》来表达这样的观点：《黑镜》的存在完全基于一系列的假设，或者说想象另一种当下的艺术手段，以相反和颠倒的方式倒推决策过程，改写人类发明的历史，以此解读其未来；或是通过幻想人类在未来的发明，以此来指导现在的历史进程。就像《一九八四》和《美丽新世界》一样，《黑镜》也是一个了解我们自己的工具。

布鲁克的想象世界之所以能让人接受，是因为它讲述的是我们的生活，因为它的主角让我们回想起了自身的缺陷、恐惧和痴迷。对比一下我们周围的事物和《黑镜》的剧情，我们都希望自己能说，这两个地方属于两个不同的现实，彼此之间毫无交集。但事与愿违。于是，我们失望地叹息道："我不在此处。"但正是因为我和宾厄姆、艾米、弗兰克、蕾西以及布鲁克笔下所有面临危机的主人翁都处于同一境地，我才能共情并认同他们。

毕竟，我就在此处，就在他们所在的世界。我们都是同样

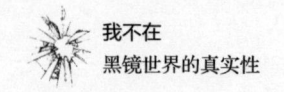

的平民受害者，都被同样的恐惧击败。如果我们所有人和《黑镜》中的角色都在同一个故事里，生活在同一个叙事中，这也并不意味着折磨他们的复杂技术就可能对我们造成伤害。不，我们目前还没有被困在亚马逊人工智能助手Alexa、谷歌智能家居设备Google Home或其他虚拟助手里的风险，不会被迫将我们的意识变成这些助手里的虚拟智能。没错，波士顿动力公司（Boston Dynamics）的机器狗与《黑镜》第四季第五集《金属脑袋》（*Metalhead*）中那些无情、无休止地追逐人类的电子狗是一样的，但目前在英国乡村散步时，人们还没有遇到狂怒的机器狗杀手的风险。而且，至少在目前，没有任何真人秀能取代法律或就业市场。

然而，现在这种常见的故事意义则是，我们掌握了一种诀窍，可以识别未来噩梦可能呈现出的各种模样，由此学会筛选出不希望出现的那些景象。这就是我们的希望所在，能给我们留出必要的时间去扼杀它们。

这有点像电影《回到未来》（*Ritorno al Futuro*）中的马丁和布鲁博士做的一样，多亏了编剧布鲁克的反乌托邦，我们有了一台时空机器，能够拜访已经是过来人的自己，看看我们会因为盲目地联网、在人工智能发明上乱搞一气而陷入什么样的境地，然后再惊惧不已地回到现在，鞭策我们努力避免因自己的粗心大意

第九章
结束之后，才是开始

而让反派毕夫·坦南（Biff Tannen）有机可乘，摧毁我们每个人的生活。

《黑镜》，顾名思义，就是一面镜子。它不评判、不说教、不开处方，它不发出警告。虽然它照出的形象可能发生变化了，但从源头也总能看出这是我们。就像所有的讽刺作品一样，画漫画，放大罪恶和缺陷，但在作品的最后，我们还是能认出自己的面孔。

我们知道我们在个人数据管理上存在很大问题，我们把自己托付给由我们不理解的代码和符号组成的黑匣子。我们知道怎样用新的方式表达仇恨、进行勒索，也知道我们每天所见的成千上万的帖子和推文的字里行间隐藏着枯燥的陈旧思想。在最近的体育项目或工作任务中，当机器击败人类时，我们也会发抖。不过，是幻想真正地给所有这些隐隐的担忧和模糊的意识添上了血肉。比如《终结者》《银翼杀手》《机械战警》，还有《北斗之拳》《攻壳机动队》《阿基拉》。如果没有那么多艺术家对人类文明黄昏的凝视，人类的衰落又会是什么样子呢？

这就是为什么我总是觉得《黑镜》的成功既令人惊异又理所当然。公众舆论早已令人们认识到，硅谷宣传用到的便捷措辞（云、大数据、区块链、社交媒体）背后有一个更容易激起众怒的词——权力。但是，没有人能够讲出这个故事，没有人能将人

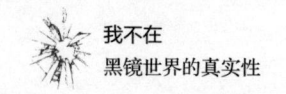

们转化为角色，将技术转化为酶，从而加速一系列的集体和个人的形变进程：这正是我们如今应该已经看到的。如此一来，这种后果不仅会出现在舞台上，也将出现在观众席中。

忽视这些迹象就像是将自己送进了没有灯笼也没有地图的黑夜中，这必然是致命的。然而，期望这些讽刺漫画能完美地描绘我们同样也是错误的，同时也是不公平的。也许，《黑镜》和类似作品们除了名副其实的批判之外，还勾勒出了未来可能出现的灾难。如果讽刺是某一观点破论时的最佳论点，那么该观点的立论论点所需的便不止是讽刺了。这适用于政治，也适用于正式和非正式的民主以及民主所伴随的整套权力和程序。

简而言之，在构想抵抗之后便是真正的抵抗。在这一点上，大胆假设小心求证也是有用的。因为并不是所有预测中的错误最终都会成真；话虽如此，但我们还是计算出了最不幸的假设：就像那些讽刺未来的漫画一样，这个最糟糕的假设中添加了恶魔般的装置，添加了人为和技术操纵，以及在《黑镜》各集中可以出现并受到鼓励的所有滥用行为。

反乌托邦并不一定会成真。相反，它应该能给予我们希望。当医生能够预测疾病，而不是仅仅治疗疾病时，他就有更多机会挽救病人的生命。不仅如此，如果预警的信号足够早，就能从根本上阻止疾病的发生。

第九章
结束之后，才是开始

因此，《黑镜》和其他任何反乌托邦的故事一样，都是一种构想抵抗，因为它成功地抓住了现实的方方面面，并对其进行了讽刺。因为它是一座桥梁，连接着一个旧的乌托邦和一个更好的新乌托邦。这个旧乌托邦不惜一切代价建立起了民主和民主化的网络，但结果却十分粗糙又不准确，而我们则有可能根据已学到的教训重新制定一个新的乌托邦。

如果我们需要的是一种新的乌托邦、一个新的愿景、一个新的系统，无论实现这个新乌托邦的希望有多渺茫、多遥远，我们也只有穿越反乌托邦的沙漠，才有可能抵达新的乌托邦。

在结束之后，才有真正的开始。因此，不必牺牲我们和当下生活中的一切。例如，如果只是为了避免出现类似沃尔多的或大或小的东西，为了避免它最终统治世界，我们还没有必要放弃所有数字化的计划。我们只需要强调，一种决议只需要单击一下就能完成，而另一个选择则会提供更清晰的路径且更适合的环境，二者之间有区别即可。

即使是通过数字平台也有可能做到很多事情，实际上通常还更容易。比如了解相关提案，通过提出新提案来帮助修改或颠覆提案，与意见相左的人展开讨论，以积极理性的方式做出决定，最后评估该决定的效果。

不过，并非所有的智慧城市都会监控人们的一举一动。诸

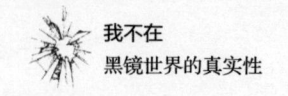

如巴塞罗那这样的城市就将公共利益和对公民基本权利的保护写入了法典，因为这些法典都是由有能力的人制定的，他们在《黑镜》出现之前就已经提前预见到了这一点。

对于超人类主义的朋友们来说，永生是一个令人不安的目标，但活得更好并且更长寿却不会令人感到不安。在他们的准科学假设中，不管你是不是超人类主义者，技术的进步都可以对健康技术的研究和投资产生多种真正有益的影响，也可以为治疗疾病、缓解不适和延长预期寿命带来好处，并不是所有炒作都会带来伤害。

如果母亲经常在女儿不知情的情况下通过平板电脑监视她，她就无法跟女儿建立信任关系。但即使哪一天母亲认为，根据她的判断，是时候该给被她锁在房间里的女儿某种程度的独立了，这种信任关系也不会再建立起来。

至于令人恐惧的人造意识，如果它真的出现了的话，也并不意味着它们就一定会像布鲁克描述的那样被滥用。像在《黑镜》中那样，复制意识并将其囚禁在毛绒猴子、吊坠或虚拟助手的身体里的做法，任何理智的人都会将其定义为一种野蛮行为。

因此，面对这样一种创新，我们至少可以合理地期待某些强制措施会及时出现。毕竟，世界各地都出现了核电厂后也并不会导致每周都爆发核战争，实验室研制出了致命气体也并不代表它

第九章
结束之后，才是开始

会被释放到空气中而不考虑后果。或许，即使当代社会高度互联已经带来了风险，我们也能通过公民良知、制定规则、切实保护个人权利等多种措施与其风险和谐共存。不过这种风险并不会因为技术环境的变化而消失。

正相反，那些拥有相同技术的反乌托邦，那些还在流传的反乌托邦故事与技术几乎已经没有关系了，这些故事最终都只涉及人与人、人与社会的最基本问题。爱、社会关系和血缘关系、工作、为自己做决定的能力、决定如何使用自己时间的能力，最重要的是我们想要什么以及为什么想要，无论这些想法是出于直觉还是被人说服。

"反乌托邦"一词最初诞生于1868年英国议会，当时被用来反对"乌托邦"。约翰·斯图亚特·穆勒（John Stuart Mill）称："所谓的乌托邦有时太过于美好了，反而无法实现。"他其实是想借此批评英国政府针对爱尔兰的政策，尤其是那些看上去在支持一些糟糕到不切实际的政策的反乌托邦。

如今，人们对反乌托邦的看法发生了改变。电影、电视剧、漫画和书籍中的反乌托邦确实太糟糕了，但还谈不上不切实际。所有这些文化产品将反乌托邦的样子呈现在了我们的眼前。它们逼着我们去经历且不断重温那些不幸主人公的故事，看着他们无可避免地落入技术政治陷阱，了解他们遭受的欺骗，这些情节十

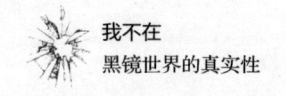

分合理以至于我们将其跟真正的现实混为一谈。

反乌托邦就发生在当下。这样也不错，因为每次"老大哥"（il Grande Fratello）从书中看着我们的时候，现实生活中的读者还能够合上书，继续体验真实世界，同时知道被"老大哥"看着意味着什么。每当有一剂嗦麻（soma）被分配给《美丽新世界》中繁育出来的不同种姓人群时，就会多一个人更清楚地意识到我们对精神养料和心理补充剂的依赖会产生的危害，意识到我们可能被人通过化学物控制。从《人类之子》（Children of Men）到《使女的故事》，每出现一个所有人都不育的噩梦，人们就会联想到大多数发达国家的人口出生率统计数据在下降，因此人们至少会想到一个问题：如果这真的是进步，那它怎么会让生命体的一项基本功能（繁衍并在一个家庭中寻求安全感和延续）变得如此困难呢？

同样，我们也很难想象有一天会真的由算法来决定我们的伴侣或理想伴侣；但可以肯定的是，《黑镜》的观众不会再带着同样天真的心情逛约会网站了。

穆勒的直觉是正确的，有些恶行即使是放在我们的世界里似乎也没人能做得出来。但事实就是，有一部分内容震撼了我们，让我们清晰地勾勒出了画面，演员将其呈现于舞台之上，编剧写出了这种恶行是如何侵蚀无知的人并将他们转化为某种

第九章
结束之后，才是开始

技术的臣民的故事情节，所有这些加在一起都是为了将恶行的影响降到最低。

《黑镜》可以说是一种构想抵抗的手段，它对于有些人而言是一个强大的盟友，可以帮助人们寻找与硅谷所设计的未来，以及垂死的传统权力体系所不同的另一种未来。

那是一个人们自主性更高、不再被操纵的未来。在那个未来，我们生活得更美好，活得更久，与机器交融，杂糅了虚拟现实和增强现实；面对自己比侮辱自己更容易；智慧为真理服务，而不是为谎言服务；少数人的财富被重新分配给多数人。

在这里，进步不是奥地利作家卡尔·克劳斯（Karl Kraus）和罗伯特·穆齐尔（Robert Musil）反对的错误进步理念，而是人类生活条件的真正改善，是个人和集体生活条件的改善。

这会是一场梦吗？也许吧。我们当然可以以自己的方式想象它。如果学校里每个小孩都被要求写下自己对未来的畅想，谁知道他们笔下的人类明天会是什么样呢。不论如何，那样的明天一定会是令人着迷且具有革命性的，就像"明天"这个词语所能激发的我们的期望那样。

谁知道会发生多少件不可能发生的事，有多少物理定律会被推翻，又有多少人类惯例会被颠覆和改写。

也许有一天，我们可以制造出跟黑镜完全相反的镜子。一面

我不在
黑镜世界的真实性

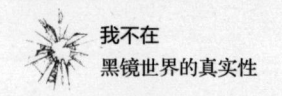

完全透明的镜子，不是不透光的，也没有被涂黑。我们对着它审视自己，又再度确信地说：不，我不在此处。这不是《黑镜》，不过，这里有未来。

结束之后，就是开始。

后记
《黑镜》之前的《黑镜》

我不在
黑镜世界的真实性

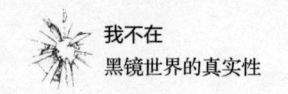

"你好，欢迎来到我们的人力发电厂。"主持人莉兹·邦宁（Liz Bonnin）一脸兴奋。她看着镜头，又重复了一遍。世界上从来没有人尝试过这样的事情。《理论大爆炸》（*Bang Goes The Theory*）的制片人们竟然真的在英国广播公司一台（BBC 1）的演播室旁为柯林斯一家打造了一座全新的房子。他们一家人，妻子、丈夫和两个孩子，已经入住新房，却对等待着他们的是什么一无所知。他们知道自己正在参加一个电视实验，但不知道具体是什么实验。

而观众现在就能在直播中找到答案。灰色的摄影棚看起来朴实无华，里面有80辆固定在原地的自行车，骑自行车的人也同样是80个，他们都穿着同样的制服——黑色短裤和红色T恤。他们踩着踏板，被节目的聚光灯照亮，而他们面前是摄像机实时拍摄的图像一幕幕掠过，拍的都是柯林斯家各个角落的画面。

观众有点能理解了，他们大概正在做某个类似真人秀的东西，但这却是一场非常特殊的真人秀。他们不禁感到疑惑，为什么要强迫几十个人在一块屏幕前踩踏板？

画外音解释说，因为我们"被告知"自己生活在一个存在全球能源危机的时代。我们都需要电，而我们都没有意识到这点。

后记
《黑镜》之前的《黑镜》

"因为我们看不到它,所以我们将其视为理所应当存在的事物。这就是为什么我们想要以一种直观明了的方式,展示生成电力所需要的努力。"

电视媒体赶来救场了。柯林斯家的房子与发电厂断开了连接,接上了那80台"人力发电机"的踏板所产生的能量。如果人们不知道发电需要花费多少精力,那又怎么能让人们理解节约用电的重要性呢?如果不关冰箱门就意味着汗水浸湿背部,面庞皱成一团,这个道理就很容易被理解了。

据该节目的专家介绍,这项实验预计持续的时间为"令人疲惫的12小时",为了产生足以保证一个家庭正常活动的能量,需要多达80人一起骑自行车。柯林斯一家没有意识到自己已经成了一个怪异的环境保护宣言中的小白鼠,他们正常起床、吃早餐、洗澡,这是他们醒来后的日常活动。但他们的每个动作都会消耗能量。嘿,他们打开了烤面包机,再用力点踩踏板!现在他们又打开了家用电器,踩踏板的时间需要更长。

我们勇猛的骑车人到了下午精力就消耗殆尽了,因为柯林斯家晚餐要烤一只鸡,就能量消耗而言,这相当于一场不可能完成的山地大奖赛。烤箱需要消耗巨大的能量,而且最重要的是,烤箱工作的时间也非常久,这两点把能量需求提高到了令人绝望的门槛,即使是这80名勇士也无法满足这个需求。

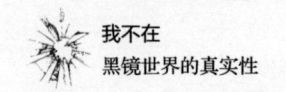

屋子里的灯熄灭了，柯林斯一家正感到困惑，想知道到底发生了什么。然后一名主持人带着完美的真人秀做派闯入了房间，把他们带到摄影棚的摄像机面前。

"你们看，"主持人笑着解释道，"正是这80人生产了你们消耗的能量，你们让沸水不停加热，没人看的时候还开着电视，等等。"柯林斯一家不太能理解到底发生了什么，只知道突然之间，他们从真人秀的主角变成了反派角色。但为时已晚。通过真人秀电视节目传播出来的伟大道德指标已经在观众的意识中建立起来了，在家观看节目的观众在看完节目后，心灵得到了洗涤，对发电所消耗的能源也有了概念。

对于这个住在格洛斯特郡切尔滕纳姆市与世无争的一家人来说，报应还未结束。下午茶时间到了，主持人微笑着建议，这一次将由柯林斯一家为一位骑手踩自行车发电。

在1985年的杰作《娱乐至死》的最后几页，媒体文化学者尼尔·波兹曼阐述了一个矛盾的事实。在对电视时代的媒体生态系统提出了最令人肃然起敬的文化批评之后，在展示了无数扭曲的事实之后，他在结语之前的五页写道："只有电视变得更糟，而不是变得更好，我们才能变得更好。"

这句话让读者感到不解，波兹曼随后给出了解释。

波兹曼说道："实际上，比起试图利用严肃的方式谈论新

后记
《黑镜》之前的《黑镜》

闻、政治、科学、教育、商业和宗教,把它们变成娱乐产品的做法来说,电视提供给我们的娱乐垃圾要更无害一些。"正如天才作家乔治·桑德斯(George Saunders)所写的那样,如果这种媒体系统就像扁平脑电图仪的放大器一样,打算以超大的强度压倒一切可能的理性思考,那不如放大一些毫无意义的话语,否则它们就会造成伤害,真正的伤害。

例如,把真实故事改编成小说、真人秀、才艺秀等形式。混淆真实、可能和虚假。创造各种愿望和欲望,同时也摧毁它们,总是在你的真实状态和理想状态之间留下一道不可逾越的鸿沟,如果你能更像那些大荧幕上的美女和名人一点就好了。

不仅如此,电视会把你锁进偏见的世界,这些偏见只会强化你已经知道的东西,使你的立场更加极端,而不是教你讨论、论述、区分事实和观点。再说,它不是承诺要永远治愈孤独吗?

查理·布鲁克正是来自这个食言的世界。今天我们将食言归咎于社交媒体、算法以及将世界连接起来并让世界自动化的革命动力。我们喜欢在《黑镜》中看到那些承诺,同时也在思考我们盯着手机屏幕的时间是否过多,我们是否已经沉迷于手机,如果我们完全沉醉于脸书每一次可能的更新,它是否最终会让我们无可救药地变得暴力,惹人嫌,愤懑不平,一无是处。

如果我们看看《黑镜》创作者的思想传记,我们就会明白,

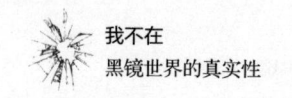

对布鲁克来说，真正的顿悟随着电视而降临，甚至发生在互联网出现之前。

毕竟，小屏幕也是屏幕。虽然屏幕不再唯一，但电视屏幕仍然是更擅长掩盖其权力的那个。时至今日，电视仍是主要的信息媒介之一，是唯一真正的能将人们凝聚起来的因素，它将几代人团结在一起，将越来越分散和分裂的社区团结在一起。这些社区根据自己的兴趣和爱好闭门造车，不理解什么流行，什么不流行，哪些趋势会动摇整个社会结构，而哪些又能够决定社会结构的权威。

然而，与社交网络相比，如今人们对电视弊端的讨论要少得多。布鲁克的好奇心更像是为了争辩而非研究，他反而抓住了大家共有的深层根源，也吸取了多年来撰写电视相关文章、评论电视节目和自己制作电视节目所获得的经验教训。

这就是为什么《理论大爆炸》中的片段让人联想到《黑镜》中宾厄姆·马德森的故事，以及他在《一千五百万的价值》一集中疯狂踩着脚踏板的场景。在最后，二者都谴责了同样的做法——把人类变成发电机并让这件事看起来像一个游戏，这并不道德。

一旦人们接受了现实世界的规则可以与真人秀的规则交换这件事，那么市民自然就会成为观众或群众演员。显然，他们

后记
《黑镜》之前的《黑镜》

可以以成功的名义，或者仅仅因为情节的要求而放低身段，压抑人性。

"但这是一个较小的目标，"布鲁克说道，"大目标不是屏幕上出现的东西，而是屏幕本身。" 2009年8月，他借用了反乌托邦文学中的一句著名格言，并在《卫报》上表示："如果你想要一幅未来的图景，那就想象一幅屏幕永远在人脸上撒尿的场景。"简而言之，在讨论媒体如此排尿的好处之前，我们应该意识到，"无论发生什么，它都是尿液"。

在《黑镜》面世前两年，布鲁克就已经感到被屏幕入侵。他挑衅地评论道，如果一头母牛突然闯到了马路上，他的本能反应是先用手机拍下来，这样现实能够最终呈现在屏幕上，才变成了可以理解的事物。"啊，好像是某种动物。现在它出现在我的屏幕上了，这样我就能理解了。"

怎么说呢？如果事情没有出现在社交媒体上，那就它就没有发生过。发到社交媒体，否则就不曾发生。

布鲁克的头脑天生就适合做电子游戏评论家，但是他选择成为一名能够掌控公众注意力的电视和媒体评论家。自1999年起，他就在"电视回家"（TV Go Home）网站上列出了一些他自己发明的、不存在的电视节目的标题和梗概，讽刺千禧年末英国的媒体环境。就在不久之前，这个网站每月有10万的读者，这样巨大

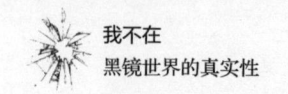

的成功导致真的有同名的节目冒出来，接过了这些名字并且代替了那些"假节目"。

例如，一档真人秀节目《每日邮报岛》（*Daily Mail Island*），将一群普通人关在一个小岛上，他们和外部世界的唯一联系就是阅读报纸。当然，这种情况虽然是超现实的，但也完美地说明了当代的现实问题。事实上，随着时间的推移，受报纸标题和短评的影响，人们产生了各种极端主义思想和偏见。例如，出于所谓的安全原因，人们决定禁止使用瓶盖，但最终却引发了一名参与者的愤怒反抗，他积极争辩说，屈服于这项禁令等于放弃自己的传统、价值观和身份。

由于人们沉浸在单一意识形态符号的微观世界中，导致意见和行为出现极端分化，因此，"过滤气泡"出现了，也就是说呈现在我们面前的事实和观点只是单纯在印证我们已经深信不疑的东西。这个比喻是通过电视播出的，没有出现在社交媒体上，但其含义是相同的。

他的想象力还不止于此，他有一个节目计划是带着观众走进肥皂剧拍摄现场幕后的肥皂剧式幕后故事。其中，一个完全不会跟异性相处的宅男莫名其妙地与一个美丽的女孩相处得非常愉快，结果发现这个女孩实际上是电视节目请的女演员，而这个电视节目《轰！冲吧恋爱女孩》（*Boom Goes Lover Girl*）就是为

后记
《黑镜》之前的《黑镜》

了嘲弄像他这样的人。主持人在演职员名单字幕出现时对他说："女孩告诉你的一切都是谎言。如果你爱上了一个娃娃,那也是一样的,她其实也讨厌你。"而观众和临时演员则在欢呼。这个宅男愤怒了,而那个女孩还在揶揄他,和观众一起大喊"失败者,失败者"。采访结束时,这位宅男的母亲不带任何情绪地说道:"我觉得《轰!冲吧恋爱女孩》会'杀'了他。"

在现实和虚构电视节目越发模糊的边界上,布鲁克的思想以这种方式徜徉了多年,直到2010年,他意识到他的幻想现在过时了,他发现了一个叫作《接触卡车》(Touch the Truck)的节目,参与者必须碰到一辆卡车并保持这种状态24小时不能离开,最后一个精疲力竭倒下的人就是赢家。都到这个地步了,还有什么可以想象的呢?

布鲁克决定开始进行真正的反思。2011年,他拍摄了一系列六集的纪录片,名为《电视是如何毁了你的生活》(How TV Ruined Your Life),片中的电视节目不再是幻想出来的,而是真正有排期的电视节目。我们仍旧带着同样的苦涩发出了笑声,但每一集都传递出了一个明确的信息,即电视的愚蠢对不幸的人类种族造成了毁灭性影响。最重要的是,片头就像是一场审判:一个人拖着一台巨大的电视机,一条粗到无法挣断的锁链把他跟电视机捆绑在一起,就像拖着法老金字塔砖块的奴隶一样。被摧毁的

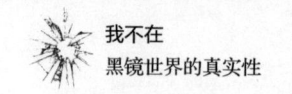

建筑、废弃电视的墓地、炸弹爆炸后充满硫化物的天空,这一切画面直观地展现了如果我们让电视掌控一切会发生什么。

此时是电视告诉了我们应该害怕什么,以及在不同情况下需要害怕什么。它向我们展示了一个一直处于烈火和混乱边缘的世界,哪怕有越来越多的研究表明,从总体上来看,当前的世界状况,就幸福感和生活前景而言,是个无与伦比的幸运时代。

电视在我们人生的所有阶段中都在指手画脚。婴儿变成消费刺激源;年轻人被划分成许多不同的群体,被妖魔化或者被鄙视;成年人始终缺点什么,无法做到完美,而他们通过消费却可能变得完美;老人是挤在候诊室里等待死亡的病人,需要让他们散散心。

此时是电视告诉了我们如何爱、如何渴望、如何幻想,因此,早在照片墙、色拉布和脸书这些应用软件做到自动化和个性化之前,我们就已经变成了嫉妒和自恋的机器。

它是桑德斯笔下的无脑放大器,基本上只能做无意义的宣传,鼓吹会实现一个总在画饼但从未实现的进步。布鲁克在视频中说:"电视告诉我们,这种进步很伟大,在它预言的世界里,我们将只用在屏幕前休息,而计算机奴隶将为我们服务。然后,这样的未来到来了,我们却发现是这些屏幕在我们面前休息,而我们对话的内容都因屏幕而起,或因它们而发狂,或拼命寻求它

后记
《黑镜》之前的《黑镜》

们的认可。"

结果很明显,科技对我们来说是不可思议的,完全不可理解的,至少可以说是不可或缺的,而我们只会专注于寻找下一个哔哔声。

在这个感觉超越事实的世界里,在这个连纪录片都把现实与虚构、新闻与讲故事混在一起,甚至都没有向观众发出警告的世界里,真正的理性、科学与进步都没有了存在的余地。如今,我们希望在谷歌、推特、脸书上找到真正的理性、科学与进步,但我们却很难意识到,早在社交媒体找到巧妙的新手段来操纵公众舆论,强迫地球上的每一个人按刷新键之前,这种对启蒙的渴望便已经消失了。

2005年的电视剧《内森·巴利》(*Nathan Barley*)的主角之一丹·阿什克罗夫特(Dan Ashcroft)声称:"白痴要赢了。"布鲁克也参与了这部电视剧的制作。这部剧围绕千禧年年初很火的新媒体泡沫,定义了对嬉皮士的刻板印象,以及在伦敦东区发展形成的文化和错综复杂的美学。"这些白痴只关心自己,他们是消费的奴隶,并无视了一个讽刺的矛盾:他们所谓的个性都是一致的。"布鲁克在智能手机出现之前就描绘了智能手机,甚至在油管网诞生之前,他就讲述了网络视频博主的不幸经历,同时,他似乎提前预知了当前的辩论内容,知道人们都在讨论这些未开化

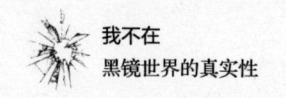

的、野蛮残忍的、自认为独一无二但实际上所有人都一样的文化霸权从何而来。

不知为何，这似乎和我们与媒体的关系有关。恰在同时，随着社交网络的到来，媒体将不断改变，然而这些变化其实都不是根本性的变化。

布鲁克于1971年出生于布莱特韦尔-索特威尔（Brightwell-Sotwell），这是牛津以南的一个只有1500多名居民的村庄。他这一代人见证了冷战的结束，而末世题材的电视剧再一次唤起了年轻的布鲁克对冷战的记忆。这些节目浓墨重彩地展示了核冬天的恐怖，给他造成了精神创伤。在几次采访中，布鲁克也说到他内心对结束和未来的恐惧可能就来源于几部相关题材电视剧中的一部，即《火线》（*Threads*），而正是这种恐惧在他脑海里催生了《黑镜》的主题。

查理在乡下长大，却受到银幕的吸引。像他的同龄人一样，他有幸在懂事后经历了两次技术革命，即网络革命和游戏革命。事实上，他的职业生涯是从写电子游戏评论开始的，他写的文章曾刊登在《电脑世界》这样如今已经停刊的杂志上，他还为杂志画了一个讽刺连环画《赛博蠢蛋》（*CyberTwats*），该漫画预测并揭示了不久之后人们将全面展现出来的对社会批评的态度。

布鲁克学的是传播学，但他未完成学业。在这方面，他说他

后记
《黑镜》之前的《黑镜》

曾写了一篇论文讨论著名的世嘉株式会社旗下的游戏人物刺猬索尼克（sonic the hedgehog），但未能成功征服论文评审委员会。他告诉英国《金融时报》："当初我就是很简单地用25000字描述了索尼克。"他的论文在威斯敏斯特大学看来一文不值，学校还要求他在七年内提交一篇新论文。

慢慢地，查理把目光投向了电视和网络。电视剧《内森·巴利》、"电视回家"网站，还有一部电视剧《死亡片场》（*Dead Set*）都是他的杰作，这部剧的故事设定发生在虚构电视节目《老大哥》的房子里，里面的住户是仅剩的还不知道一场灾难已经击垮了整个英国的人。神秘的邪恶力量把市民变成了贪婪的僵尸，他们逐渐聚集到屋子的门口，然后闯进屋子，将这栋房子里的人也感染了，最后占领了在播出节目的整个电视演播室。结局似乎是媒体对世界的告别之吻，电视上还在放着现场直播，然而唯一的观众却是一群活死人。

仿佛即使在没有观众的情况下，那种凝视一切的带有欲望的镜头也不会停止片刻。桑德斯则会嘲笑它：没有比这个更愚蠢的放大器了……

与此同时，布鲁克的忠实粉丝数量也在增长，他还在《卫报》开了一个固定专栏，开始筹备一系列时事和媒体批评节目。其中一个节目《新闻掠影》（*Newswipe*）成了2010年油管网点击

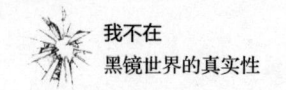

率最高的视频,这个视频几天之内就获得了75万次点击,并获得了7400多次点赞。他称自己是"劳伦斯·菲什伯恩[①](Laurence Fishburne)、海象和猪肘的混合体",他争论着一切,创造着一切。这似乎是第三季第五集《战火英雄》中"寄生虫"[②]这样深刻故事的理想序曲。想象一下,在谷歌眼镜出现的两年前,一副增强现实眼镜将让无家可归者和穷人从视野中消失,并用卡通人物取而代之,这是不道德的吗?也许吧,但我们无论如何都会忽略他们,因为软件会过滤他们,让他们一张嘴就消失。这是能够在物理世界中实际生效的一道禁令,就像可怕的《黑镜:圣诞特别篇》里那样。

布鲁克还想象了一部反乌托邦小说,人们发现无线网络信号会毁灭大脑,慢慢地夺走人们所有的情绪,直到人完全麻木,像《死亡片场》中的僵尸或手拿智能手机的观众,拍摄着或冷淡地接受《黑镜》中各式各样的恐怖场景。他的一些观点昭示了我们所谓的"后真相"状态——在我们周围,生活的本质正在崩溃,甚至语言本身似乎也不可靠。

[①] 美国男演员、编剧、制片人、剧作家和导演,以银幕中强势、好战和权威的形象为观众所熟知。——译者注

[②] 剧中系统将贫民形象篡改为"寄生虫",从而消除士兵杀人时的罪恶感。——译者注

后记
《黑镜》之前的《黑镜》

多年来,布鲁克的立场一直自相矛盾。他是脱媒现象(disintermediation)吸引来的受害者,他称网络"能够让人人平等,很伟大",但后来他改口了,并声称网络不值得我们信任。他很早就开始使用各项技术了,但表示自己"在一切都变无聊之后感到后悔了"。这实际就是把算法统治以及过剩的在线内容混合在一起,然后再让某人或某物(实际上就是算法)为人们挑选出要浏览的内容。

毕竟,他是一个讨厌"讽刺"这个词的讽刺作家,一个不读科幻小说的科幻作家,一个愤世嫉俗的极端主义者。但他也坦白说,在现实生活中,他实际上是个稳健派,为人随和,说话讨人喜欢,但他厌恶这一切。

《黑镜》也有同样的矛盾。一个声称让人"担心"又同时让人"放心"的节目,没有警告,充满了道德考虑,情节里充斥着噩梦般的技术,而其创造者却从未将技术看作一场噩梦。"技术,"布鲁克毫不犹豫地说,"根本吓不到我。我认为技术是一个美好的事物。我更关心战争、人们心胸狭窄和气候变化。"他表示,除了人们会花太多时间在智能手机上之外,如果有一件事能帮助我们面对世界上的真正问题,那就是技术。

然而,在这些矛盾之中,当代的一个基本事实却不断浮现出来,布鲁克则早已充分认识到了这一点:世界各地的媒体给人留

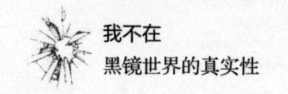

下的游戏化印象无处不在。

在长篇纪录片《电子游戏如何拯救世界》(*How Videogames Saved the World*)中，社交网络推特登上了历史上最重要的电子游戏排行榜的榜首。从这个观点开始，纪录片重新诠释了推特的本质："推特就是一个大型多人游戏，在这个游戏中，你可以选择一个有趣的头像，然后扮演一个以你为原型的人物角色，通过反复不断敲打键盘来创作有趣的句子，积累粉丝数量。"粉丝和转发就像《超级马里奥兄弟》中的金币或点数，它们就是奖励，这些奖励反过来也会吸引其他奖励，能够让我们从普通网民升级为网络名人。如果我们不再是个体而成了玩家，那么比成长更重要的就是进行必要的升级，毕竟我们不想在面对生活最后的挑战时措手不及。

布鲁克说，简而言之，社交网络是一种我们还不习惯的"超能力"，但最重要的是，它也是最先进、最完整的游戏表现形式，因为它能够将某种存在整个转变为一场数值游戏。根据布鲁克的说法，这是由"失误"造成的，像扎克伯格这样的人没有想到我们会对一种新型毒品集体上瘾。然而，实际上却是我们在玩甚至都没有意识到自己正在玩的游戏。对于数百万不知情的用户来说，游戏化不再只是娱乐，而是他们社交和个人生活的一部分。我们在《黑镜》中看到了这种情况，其实这种情况总在发

后记
《黑镜》之前的《黑镜》

生,它不仅仅发生在可怜的蕾西身上,那个在《黑镜》第三季第一集《自由落体》中力争进入四星高分社会阶级的姑娘。

布鲁克这种不拘一格的塑造方式导致的结果就是,媒体世界在他的作品中保留了现实世界中全部存在的复杂性。电视与网络还有社交网络交织在一起,影响着两者的发展,并赋予了它们对大众绝对有害的传播动力;游戏反过来也影响了大众,并与之联系在一起,成为当代世界中最引人入胜却被人们低估的创意产品之一,这种混合媒介也进一步使传统与非传统传播手段的恐怖和扭曲更为吸引人。

一旦认识到这种复杂性,就有助于人们将它与其他媒介区分开来。尼尔·波兹曼的著作《娱乐至死》似乎再次扮演了这个指导手册的角色。在他所有"赫胥黎式的警告"(moniti huxleiani)中,他写道:"只有通过深刻认识到信息的结构和影响,并随时对其保持警惕,通过破除媒体的神话,才有希望在某种程度上掌控电视、电脑或其他任何传播媒介。"

布鲁克在他的整个职业生涯中都在努力揭露通过大众传播媒介进行操纵、宣传、煽动和匆匆定罪的行为;打破禁锢人类的媒体和技术锁链,让媒体和技术回到其本应该在的位置。他通过对电视节目的"谐仿"(parodia)做到了这一点,而波兹曼则反对这种方式。根据波兹曼的说法,这种方式也同样会受到备受批

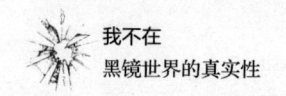

判的电视力量所限制，因为为了吸引观众，谐仿必须做到粗俗和夸张。但布鲁克坐在沙发上，面对着显示屏，可能会把波兹曼当作自己的观众，在每集放完之后打发对方走："在下一集播出之前，快走开。"